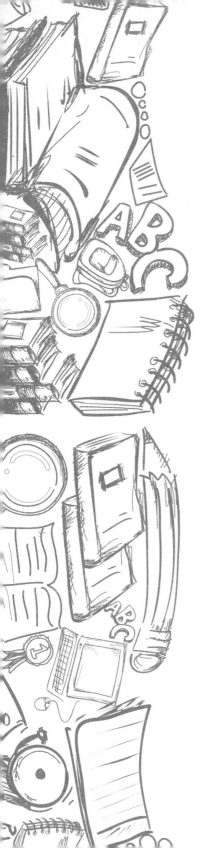

奇趣科学 玩转地理

冰冻星球
——南极

刘清廷◎主编

时代出版传媒股份有限公司

安徽美术出版社

全国百佳图书出版单位

图书在版编目（CIP）数据

冰冻星球——南极/刘清廷主编.—合肥：安徽美术出版社，
2013.3（2021.11重印）

（奇趣科学.玩转地理）
ISBN 978 - 7 - 5398 - 4243 - 1

Ⅰ.①冰… Ⅱ.①刘… Ⅲ.①南极 - 青年读物②南极 -
少年读物 Ⅳ.①P941.61 - 49

中国版本图书馆 CIP 数据核字（2013）第 044310 号

奇趣科学·玩转地理
冰冻星球——南极

刘清廷 主编

出 版 人：王训海
责任编辑：张婷婷
责任校对：倪雯莹
封面设计：三棵树设计工作组
版式设计：李 超
责任印制：缪振光
出版发行：时代出版传媒股份有限公司
　　　　　安徽美术出版社（http://www.ahmscbs.com）
地　　址：合肥市政务文化新区翡翠路 1118 号出版传媒广场 14 层
邮　　编：230071
销售热线：0551-63533604 0551-63533690
印　　制：河北省三河市人民印务有限公司
开　　本：787mm×1092mm　　1/16　　印 张：14
版　　次：2013 年 4 月第 1 版　　2021 年 11 月第 3 次印刷
书　　号：ISBN 978 - 7 - 5398 - 4243 - 1
定　　价：42.00 元

　　南极大陆是地球上最后一个被发现的大陆。南极大陆的总面积约为 1239 万平方千米，居世界各洲第五位。南极的山脉将南极大陆分为两部分：东南极洲，面积较大，为一古老的地盾和准平原；西南极洲面积较小，为一褶皱带，由山地、高原和盆地组成。这里是冰雪的世界，气候酷寒，环境恶劣，是人迹罕至之地，历来充满神秘感，然而随着探险家的闯入，南极神秘的面纱逐渐被揭开。

　　走进南极，你就走进了一个与众不同的别样世界。整个南极大陆被一个巨大的冰盖所覆盖，平均海拔为 2350 米，是地球上最高的大陆。南极洲的气候特点是酷寒、风大和干燥。这里为世界最冷的陆地，是世界上风力最强和最多风的地区。全洲降水极少，空气非常干燥，有"白色荒漠"之称。

　　走进南极，你就能看到一个个奇特的生物群。气候严寒的南极洲，植物难于生长，仅偶尔能见到一些苔藓、地衣等植物，但是海洋里却充满了生机，那里有海藻、珊瑚、海星和海绵，海里还有大量营养丰富的磷虾。海岸和岛屿附近有鸟类和海兽。鸟类以企鹅居多，企鹅常聚集在沿海一带，构成了独特的南极景象。海兽主要有海豹、海狮和海豚等。

走进南极，你就走进了一个矿产资源的宝库。南极洲蕴藏的矿物有 220 余种。据已查明的资源分布来看，煤、铁和石油的储量为世界第一。在南极地区，可望发现更多更丰富的矿产资源。

　　走进南极，你就走进了一个充满奇异景观的世界。南极洲每年分寒、暖两季，4～10 月是寒季，11～3 月是暖季。在极点附近寒季为极夜，这时在南极圈附近常出现光彩夺目的极光；暖季则相反，为极昼，太阳总是倾斜照射。南极地区是冰雪的世界，冰雪的世界晶莹剔透，千姿百态。南极的海域中，最引人注目的是漂浮在海上的一座座冰山。出现在南极的海市蜃楼，使极地的景色更加迷人壮观。极地特有的极光是由太阳带电的粒子碰撞地球的两极的磁场，在天空中发生放电时，所产生的发光现象，其形状之奇特，色彩之绚丽，令人叹为观止。

　　走进南极，你会看到 20 多个国家在南极设立的科学考察站和 150 多个科学考察基地，这些众多的考察站，根据其功能大体可分为：常年科学考察站、夏季科学考察站、无人自动观测站 3 类。中国的昆仑站、南极长城站和中山站都是常年科学考察站。

　　尽管我们对南极已经有所认识与了解，但还是不够充分与深入的，尚有许多未知领域期待人们去探索与发现……

CONTENTS

冰与雪的世界——认识南极

早期南极探险

科学探索南极时代

人类在南极的生活

南极与人类

冰与雪的世界——认识南极

　　我们通常说的南极并不是一个点，而是指南极圈以内的地区，即南纬66°33′线圈以内，包括南极洲及它周围的海岛和海洋。南极大陆被人们称为第七大陆，是地球上最后一个被发现的大陆。整个南极大陆被一个巨大的冰盖所覆盖，平均海拔约为2350米。南极洲的气候特点是酷寒、风大和干燥。全洲年平均气温为－25℃，内陆高原平均气温为－56℃左右，极端最低气温曾达－89.6℃，为世界最冷的陆地。

人类认识最迟的大陆

南极，曾经被人们称为地球尽头。在世界的七个大洲中，它是人类认识最迟的一个。虽然，人类在地球上的文明史已经有了几千年，但是人们对南极大陆的认识却仅仅是不到200年的事。

从15世纪末开始一直到19世纪初，许多航海家为了寻找南极大陆，曾经做了种种尝试，也先后在靠近南极的地方发现了不少岛屿，但是，并没有一个人真正到达南极大陆。直到1821年2月7日，美国人约翰·戴维斯乘船在南极半岛北端的休斯湾登陆，才使人类第一次真正地登上了南极大陆。从那时候开始，人类对南极大陆的探险活动也如火如荼地展开了。1909年埃沃思、戴维斯·麦凯、道格拉斯·莫森等第一次到达南磁极。1911年12月14日挪威人阿蒙森，1912年1月16日英国人斯科特，先后到达南极点，这一系列事件都推动了人类对南极大陆内部的探险活动的发展。1957～1958年的国际地球物理年期间，这一探险活动达到了高潮，标志着国际合作研究南极的开始。当时，来自12个国家的大约5000名科学家参加了对南极科学研究的讨论。研究内容涉及宇宙线、地磁、冰川、物理、气象、地震、海洋及海洋生物等学科。

1957年，人们第一次在南极大陆建立了全年研究站，其中包括美国在南极点建立的阿蒙森－斯科特站。1958年，12个国家代表组成了南极考察科学委员会。1959年12月1日，《南极条约》正式签署。《南极条约》规定，南极只能用于和平目的，各国可以

你知道吗

地球磁极会发生倒转

地球的磁极倒转现象大约每20万年会发生一次，届时南磁极将变成北磁极，而北磁极变成南磁极。在正常情况下，一次地磁倒转过程的发生需要4000～5000年才可完成，如果目前科学界关于地核模型的理论正确，这应当是最快的速度了。但是最新的研究成果显示，地磁倒转可能曾在短短数年内发生。

自由地进行科学研究，不承认任何国家对南极的领土要求，禁止在南极进行核试验及处理放射性废料等。此后，又有其他一些国家相继加入了《南极条约》。

《南极条约》

　　这是 1959 年 12 月 1 日签订的一项国际条约。《南极条约》规定南极专为和平目的所利用，可自由开展科研和国际合作，但冻结领土主权要求，并制定了《南极条约》协商会议制度。根据协商会议制度，又签署了《南极海豹保护公约》《南极海洋生物资源保护公约》和《南极条约环境保护议定书》等，逐步形成了《南极条约》体系。

人类如此重视对南极的研究探索，一个重要的原因就是南极在地球科学的研究中具有极其重要的作用。在地球绕日公转的运动中，地球的南极和北极处于和地球其他部分截然不同的位置。地球两极附近的磁场的性质包括方向和强度都极为特殊。又由于地轴倾斜，在极圈以内出现了极昼和极夜的现象。极

美国南极科考站——阿蒙森－斯科特站

地宇宙线的研究，极光、双日现象，陨石等都是人类非常有兴趣研究的话题。

🔖 南极的范围

现在，人们通常说的南极实际上是一个泛称。我们可以用它指南极洲、南极大陆、南极点，甚至还可以用来指南大洋。但是，南极区域的范围有多大，它的界限又应该怎样划分呢？对于这个问题，不同学科的科学家根据本

学科的特征，提出了多种不同的划分方法。

　　植物学家主张以南半球树木分布的界限作为南极区域的界线，按照他们的主张，南纬50°以南的区域为南极区域；气象学家认为应以南极夏季的1月份10℃等温线作为南极区域的边界，这样，南极区域界线就被界定在南纬50°~55°的地方；地质学家则认为南极区域的界限应该为南极大陆的实际边缘，按照这个方法划分，南极的范围几乎就相当于是南极洲的地域范围。

　　1958年2月，在南极研究科学委员会（SCAR）的首次会议上，与会人员专门就南极区域范围的划分问题进行了讨论。各国科学家一致认为，南极区域应当以南极辐合带作为边界，同时也包括辐合带以外的一些具有南极环境特征的亚南极岛屿。另外，天文学家还从南、北极受太阳照射的角度出发，提出了以南极圈（南纬66°33′）为南极区域北界的理论。

基本小知识

南极辐合带

　　南极辐合带位于南纬50°~60°，是向北流动的寒冷南极水下沉至较温暖的亚南极水层之下，而形成的环绕南极的表层海水沉降带。它有明显的海洋锋特征，一般作为划分南大洋中的南极海区和亚南极海区水团的边界。

　　1959年12月1日，12个国家在美国首都华盛顿签订《南极条约》，并把南纬60°以南的广大区域规定为该条约的适用范围，从此，人们就把这个区域理解为南极区域，并广泛地使用。这也就意味着，南纬60°以南的所有海洋和陆地都属于南极区域范围。也就是说，南极区域包括南极洲和南大洋两大部分。

▶ 南极洲

　　一般来说，南极洲包括三大部分：南极大陆、南极大陆周围的岛屿及陆缘冰。它的总面积为 1400 万平方千米，约占世界陆地面积的 10%，相当于美国和墨西哥面积之和。南极洲的面积在世界七大洲中名列第五。在南极大陆周围，密布着星罗棋布的岛屿，其面积总共为 7.6 万平方千米。

在世界七大洲中，南极洲是人类最晚发现的一个大陆，也是距各大洲最遥远和最孤独的大陆。南美洲离它最近，中间隔着只有 970 千米的德雷克海峡；澳大利亚距离它约有 2500 千米；非洲距离它约有 4000 千米。

南极大陆地处地球的最南端，几乎包括整个的南极洲。它被太平洋、印度洋和大西洋三大洋包围着。在这块大陆上，除南极科学考察者和一些捕鲸人的临时活动外，还没有发现有长期居住的人类，也可以说它是一块无人居住的大陆。

南极洲平均高度为约为 2350 米，为世界上最高的洲。整个大陆几乎被冰雪终年覆盖着，冰层的厚度有 1950 米左右。除掉冰层，实际大陆的平均高度只有 300 多米。也就是说，冰层是南极大陆成为最高大陆的原因。南极洲的最高处恰巧位于地球上最寒冷的南极端点，即南极洲罗斯陆缘冰以南约 480 千米处，海拔高度达 2992 米，冰厚 2699 米，但地壳的表层高度却仅有 293 米。

南极大陆的形状就像一只正在开屏的孔雀。孔雀的头部是指向南美洲的南极半岛，孔雀的颈部两边就是嵌入南极大陆两边的罗斯海和威德尔海，孔雀展开的屏部占据南极大陆的绝大部分。

南极大陆被南极横贯山脉分成两部分。东面一部分叫东南极洲，西面一部分叫西南极洲，在地理和地质上，这两部

拓展阅读

罗斯冰棚

罗斯冰棚是世界最大的浮动冰原，位于南太平洋罗斯海上端，深入南极大陆海岸。1841 年英国海军上将、南极探险家罗斯首先发现冰棚前缘是雄伟壮观的白色障壁，高 50～60 米，从西面的罗斯岛延伸至东面的爱德华七世半岛，长约 800 千米。广阔而起伏平缓的冰面向南延伸约 950 千米，直抵南极大陆中心区，成为深入南极腹地的通道。

分差别很大。东南极洲的中心位于难接近点，从任何海边到难接近点的距离都很远。东南极洲平均海拔高度 2500 米，最大高度 4800 米。西南极洲面积只有东南极洲的 1/2。南极大陆的最高山峰——文森峰（5140 米）在西南极洲。

在地质构造上，东南极洲与西南极洲的区别也十分明显。东南极洲是一块很古老的大陆，经过科学家的推算，证实它已经有几亿年的历史；而西南极洲形成的时间比较晚，在东南极洲已经形成的时候，这里还是海洋，后来经过地壳运动，一些岛屿才从海中升起。

在南极大陆周围，分布着许许多多的岛屿，它们主要位于西部和南极半岛沿岸区。在这些岛屿中，较大的有巴勒尼群岛、斯特季岛、格斯特岛、谢珀德岛、罗森岛、琴斯顿岛、彼得一世岛、夏科岛、阿得雷德岛、亚历山大岛、赫斯特岛等。由于它们长时期被冰所覆盖，人们又称之为固定式的冰岛。另外，通常在地图的正南方向上，有一个南极地区的最大半岛，那就是著名的南极半岛。南极半岛主要由山岭构成，南北长达 1300 千米。半岛的最高点位于杰克孙山顶，海拔高度为 4191 米。该半岛北隔布兰斯菲尔德海峡与南设得兰群岛相望。1820 年 1 月 30 日，海豹猎人威廉·史密斯和英国海军军官 E. 布兰斯菲尔德航海首次穿过布兰斯菲尔德海峡时发现了该岛。

南大洋

通常，人们将地球上的水域划分为四大洋：太平洋、印度洋、大西洋和北冰洋。这种划分方法是把太平洋、印度洋和大西洋水域的南界一直向南划定到南极洲的边缘。但是，围绕着南极洲的水域是一个完整的、独立于其他大洋的环极水圈，人们就将这个环极水圈称为南大洋，又称为世界上第五洋。

对于南大洋的北界问题，科学家们也达成了一致：南大洋的北界应定在

浩瀚的南大洋

南极辐合带。所谓南极辐合带，指的是向北流动的南大洋表层水与向南流动的温暖大洋水相遇的地方，它是海水温度、盐度的跃变带。这条跃变带两边的海洋有特别明显的差异。具体地说就是，南极辐合带在南纬48°~62°，这是一条十分不规则的圆环，它在各大洋的位置上又不尽相同：其印度洋、大西洋一侧在南纬50°附近；太平洋一侧在南纬55°~62°。同时它也并不是固定不变的，随着季节的变化也会有一定的差异。

所以，根据科学家们达成的一致意见是，南大洋包括南极辐合带以南的南印度洋、南大西洋、南太平洋的水域，总面积约为7500万平方千米。

从地图上可以看出，南大洋是世界上唯一完全环绕地球，而没有被任何大陆地块分割开来的一个大洋。

南大洋具有独特的水文特征，有着丰富的生物资源。南大洋这样一个巨大的水体与南半球的大气层间的相互作用，对全球气候有着重要的影响。

广角镜

盐度计

盐度计用于快速测定含盐（氯化钠）溶液的重量百分比浓度或折射率。它广泛应用于制盐、食品、饮料等工业部门及农业生产和科研中。其工作原理是：因为光线从一种介质进入另一种介质时会产生折射现象，且入射角正弦之比恒为定值，此比值称为折光率。利用盐溶液中可溶性物质含量与折光率在普通环境下成正比例，可以测定出盐溶液的折光率，这样盐度计/折射仪就能求算出盐的浓度。

◀ 南极圈

南极圈和北极圈一样，是地球上地域的划分界限，是在地球上划分的五个气候带当中的一个分带。

南极圈指的是南纬 66°33′ 这条纬线，南极洲的绝大部分位于南极圈之内。这个圈并不是人们随意划分的。天文学家从两极所受太阳光的角度出发，提出了一种用光线来确定南极地区永久界限的方法。这一方法的依据是地球围绕着太阳运行时地轴本身的倾斜度固定不变的原理。也就是说，地轴对着太阳倾斜角度约 23.5° 是固定不变的。因为南、北极与垂直于地球绕太阳运行轨道的平面形成一个约 23.5° 的角度，这条 23.5° 线在地球转动时正好通过南纬和北纬 66°33′ 的地方。这就是南、北极圈的由来。另外，南极圈也是南温带与南寒带的界限。

◀ 南极点

从纬度上说，南极点在地球表面上是南纬 90°，也就是说南极点是地球南半球上纬度最高的点。因为地球是一个扁平的椭球体，所以，南极点也是南半球地面上距地心最近的一点。

从经度上说，南极点是地球上所有经线在南端的一个汇聚点。也就是说，地球上任何地方的两个人，如果他们始终沿着一条经线向着正南方向前进，那么他们最终会在同一个点上会师。他们会师的这个点就是南极点。

南极点位于南极大陆的中部，高度为海拔 3800 米，冰层厚约 2000 米，气候十分恶劣，年平均气温为 -50℃，最低气温为 -80℃，年平均降水量为 3 毫米。

南极点是地球上没有方向性的点。站在南极点，东西南三个方向完全失去了意义，在这里只有一个方向，那就是北方。

在南极点上，24 小时昼夜概念是不存在的。因为在南极的冬季，南极点有半年根本见不到太阳，全是黑夜；在南极的夏季，南极点有半年太阳永不落，全是白天。这样，在南极点有半年的白天，半年的黑夜，所以在南极点的一昼夜不是一天，而是一年。

在南极点，如果围绕极点上的旗杆转一周，最慢的也不过是几分钟时间就可以完成了。这却等于围绕地球转一周。

在南极点，任何一个表所指示的时间都是绝对准确的。因为全世界的时间都是由连接南极和北极的子午线决定的。南极点是所有子午线

你知道吗

极点在移动

由于地球自转的原因，北极点和南极点始终处在不断的移动之中，这种移动叫作极移。极移范围很小，经观测，1967～1973 年，地极移动仅 15 米左右。需要强调的是，南极点并非是南极冰盖的最高点，覆盖在南极点上面的冰雪以每年 10 米左右的速度移动，因此，科学家每年都要重新标定一次南极点的最新位置。南极点的标志是一个立柱上的金属球。

集中的地方，所以全世界的时间都集中到这一点上。因而，在南极点上，只要说自己的表是随意选择的子午时间，就永远不会错。

人类第一个到达南极点的是挪威探险家罗阿德·阿蒙森率领的探险队，在与英国探险家罗伯特·弗肯·斯科特率领的南极探险队的竞争中，该队率先于 1911 年 12 月 14 日到达南极点。斯科特于 1912 年 1 月 16 日到达南极点，比阿蒙森晚了 1 个多月。1957 年 1 月，美国在南极点建立了"阿蒙森－斯科特"站，这是一个建在南极点冰盖上的科学考察站。虽然地理南极点的位置是不变的，然而

罗阿德·阿蒙森

美国建在南极点的阿蒙森－斯科特站已不在南极点了。因为冰雪是运动的，而阿蒙森－斯科特站则建在冰雪上，它随着冰雪每年都在移动。同样，当初到达南极点的阿蒙森和斯科特留下的旗帜和帐篷现在也早已不在南极点的位置了。

知识小链接

阿蒙森－斯科特站

阿蒙森－斯科特站于1957年1月23日建成。该站有4270米长的飞机跑道和无线电通讯设备，是常年科学考察站，冬季仍有30多人在那里工作。该站以世界上最早征服南极点的两位著名探险家，即挪威的阿蒙森和英国的斯科特的名字命名。

南极边缘的实地界线

前文提到，南极区北部的理论界线为南纬66°30′这条纬线。虽然位置十分明确，但是这条纬线基本上在南极边缘海域无标志的蓝色海面上。所以如何在实地确定这条界线，曾经让许多人感到头疼。

但是，问题难不倒聪明的人类。南极区特殊的气候环境及与它北部毗邻地区的差异性，在它们之间形成了南极区边缘辐合带。人们就利用南极区边缘辐合带这一概念很好地解决了这个问题。

南极区边缘辐合带，也称南半球极地锋面带，形成它的决定性因素是温度。我们知道，南极区海域表层水不仅低温，而且密度高，当它到达南部边缘水温较高、密度相对较低的海区时，以其自身的重力作用，迅速沉降到暖水层下。在大洋中构成巨大的经向环流系统，形成影响地球气候的寒流，并于南极区北部边缘地带产生了明显的海水辐聚现象，形成了辐聚带，即辐合带。这里便是南极区北部边缘的实地界限。

　　辐合带的位置并非一成不变的，它随季节性的变更发生移动，其宽度为30~50千米，明显地表现出海洋特征。1955年，英国探险家瓦利·赫伯特第一次去南极探险后，在他的探险记录中写道："当我们穿过雾障，来到天气晴朗的海域时，发觉海水改变了颜色，温度计上的读数下降了好几度，海洋中的生物出现了显著的差异，海水化学成分明显不同，气候和盘旋在海面上空的鸟类等，一切都发生了变化，呈现出崭新的景致。"

　　海水表层的辐合带是南极区边界的现场划分线，该带上空笼罩的云雾也是南极航海者进入南极区的直观标志。它们都是南寒带与南温带的分界线。

基本小知识

南温带

　　南温带处于南纬40°~60°，海洋生物的发育和生长条件与北温带相似。这里海生植物繁茂，巨型藻类生长极好，浮游生物丰富，是南半球海洋动物最多的地带。这里生活着几种南、北温带均可见到的动物类群，如海豹、海狗、鲸以及刀鱼、小鳁鱼、鲨鱼等。冬季有南方的海洋动物在此越冬。

▶ 南极大陆的地形

　　由于南极大陆的表面大部分都为冰雪所覆盖，所以当人们提到其地形时都会将其分成2种：一种是可见的地形，一种是不可见的地形。可见的地形是指由暴露于地表的岩石和冰组成的地形；不可见的地形是指通过地震技术或遥感技术测知的冰下基岩地形。但是，这两种地形有一个共同点，就是它们都是经过长期缓慢的冰川过程演变而来的。

　　南极横贯山脉把南极分为东、西两部分。该山脉从南太平洋岸边开始，沿着罗斯海岸逶迤向南，横穿南极大陆，直达大西洋的菲尔希纳冰架东侧，全长3000多千米。在维多利亚地，这条山脉十分突出，山峰连绵不断。它与

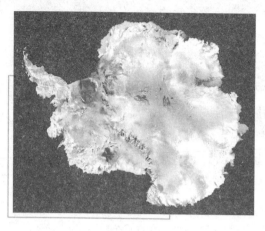

冰雪覆盖的南极大陆

将军山脉相接,然后并入皇家学会山脉,构成非常壮观的、历史上有名的麦克默多海峡的背景。亚历山德拉山脉和毛德山脉向南极点附近的霍利克山脉和西尔山脉延伸。南极横贯山脉的中段,大部分都处在冰盖下,但是,它一直延伸到科茨地的彭萨科拉山脉、沙克尔顿山脉和西伦山脉。在整个南极横贯山脉上,有许多海拔3000~4000米的高大山峰。

南极横贯山脉东面的大陆,绝大部分位于东经范围,因此称东南极洲,又因其面积占整个南极大陆的大部分,又称为大南极洲。东南极洲主要由冰雪覆盖而成的高原组成。在沿岸附近,有许多被冰雪覆盖的山峰,它们一般排列成线状,构成明显的山系。东南极洲沿岸的一条主要山系在毛德皇后地,它由穆利格 – 霍夫曼山脉、沃特塔特山脉、索尔 – 隆戴恩山脉、比利时山脉和费比沃拉皇后山脉组成。在恩德比地,有斯科特山脉和图拉山脉。在麦克罗伯孙地,有一系列山脉,铁矿储量十分丰富的查尔斯王子山脉就是其中的一条。

知识小链接

毛德皇后地

毛德皇后地是挪威探险家阿蒙森以挪威王后毛德命名的。毛德皇后地是南极洲大陆东部的一部分。在科茨地与恩德比地之间,即西经20°向东至东经45°,面积约为250万平方千米。有高大的山脉,最高峰海拔4300米以上。大部分盖有冰雪。

在东南极洲有南极大陆的两座活火山:一座是罗斯岛上的埃里伯斯火山,

海拔高度3795米，有4个喷火口，是南极洲最大的活火山。1841年，英国探险家罗斯最早发现了它，并用他的一艘船的名字"黑暗"号将其命名为黑暗火山（音译为埃里伯斯火山）。该火山的山顶终年烟雾缭绕，并时常有火山活动。1979年11月28日，新西兰一架载有257名游客和机组人员的DC-10大型客机，就在这座火山上坠毁，机上人员全部遇难。另一座是在维多利亚地的墨尔本火山，海拔高度2591米。

知识小链接

DC-10

　　DC-10的载客量较波音747少，航程与波音747相近，既可以直飞横跨美国本土的航线，又可飞越洋国际航线。该客机的开发计划在1967年道格拉斯公司和麦克唐纳公司合并后展开。1970年7月DC-10第一架原型机出厂，1970年8月29日首次试飞，1971年7月29日获美国联邦航空局适航证，交付美国航空公司，1971年8月5日首航投入运营。

　　南极横贯山脉西面的部分，全部位于西经范围，所以也称西南极洲，又因其面积只有东南极洲的1/2，所以亦称小南极洲。西南极洲包括多山的南极半岛、罗斯冰架、菲尔希纳冰架和伯德地。伯德地最高海拔高度可达3000米，在其冰盖上面也有一些重要山脉。尤萨普山脉是主要山系，它包括克拉里山脉、执行委员会山脉和福特山脉。尤萨普山脉沿着伯德地海岸延伸到罗斯冰架，并通过别林斯高晋海岸边的琼斯山脉与南极半岛的山脉连在一起。另外还有一条山系叫埃尔斯沃思山脉，南极大陆的最高峰文森峰就在这里。在地质上，埃尔斯沃思山脉有着非常重要的研究价值，因为它在地形上同东南极洲的联系似乎比同南极半岛上的山脉的联系更为密切。南极半岛顶端附近的南设得兰群岛中的欺骗岛，也是一座活火山。

　　南极大陆的另一种地形，是冰下的基岩表面地形。由于巨大冰盖的沉重压力，南极大陆及周围岛屿的岩石圈都会往下弯曲，以达到重力平衡。通过对南极大陆冰盖厚度的详细而全面地探测，我们知道东南极洲的大部分地区的基岩表面在海平面以上；西南极洲的绝大部分地区的基岩表面却在海平面以下，也就是说，冰盖下面的陆地实际上比海平面还要低，有的地方甚至在海平面以下 2000 米。如果把南极冰盖揭掉，南极大陆的地貌就会和现在的模样截然不同，而且东南极洲和西南极洲的差别也会非常明显：东南极洲的面积与现在差不多，但高度要大大降低；西南极洲不仅面积会大大缩小，而且南极半岛也不再是和西南极大陆连在一起的半岛，而是一个长条形岛屿，中间有一条很深的海沟，把南极半岛和大陆完全分开。

湖泊与河流

和其他大陆一样，南极洲也分布有众多的淡水湖和咸水湖。对在南极进行科学考察的人们来说，淡水湖有着非常重要的意义，它能够使科考人员的生活更加方便。但是，绝大多数的考察站附近没有淡水湖，所以科考队员的生活用水不是来自融化坚硬的冰雪就是来自海水淡化，这样，不但成本很高，而且队员用水还要受到很大的限制。

在南极洲，咸水湖或盐湖多处可见。唐胡安湖是南极的咸水湖中最有名的一个。其湖水含盐度非常高，每升含盐可达 270 多克，所以味道特别咸。另外，即使在当地 −70℃ 的条件下，湖水也不结冰。

另一种咸水湖是南极大陆独有的神秘湖泊，它们就是东南极洲维多利亚地赖特谷中的范达湖和泰勒谷中的邦尼湖。这种湖的特点是，湖水上淡下咸。湖的表面冻结着一层 2 ~ 3 米厚的冰，冰下湖水清澈，浮游生物极少，湖水含盐量随深度增加而增加，形成分层现象，湖底水的含盐量往往可以高出海水的 10 倍；湖水温度亦随深度增加而升高，在全年平均气温 −20℃ 的环境中，湖底水温可高达 25℃。

在其他大陆，这种表面结冰、湖底高温高盐的湖是非常罕见的。对于这种奇异的现象，科学家们到现在还不能做出合理的解释。他们提出了种种假说，如火山或热泉活动；从局部基岩渗出的蒸发盐；风把附近的海盐吹来；来自下陷海盆的蒸发和浓缩；基岩和沙子的风化作用等。

到目前为止，倾向最后一种说法的科学家占大多数。根据许多无冰区冻裂的事实，水无疑是岩石风化或崩解的巨大动力。即使在南纬85°的地方，只要气温有0℃，太阳光就能把岩石表面加热到15℃，在岩石表面上，积雪很快可以融化，水滴进入附近的岩石裂缝。太阳落山后，进入裂缝的水就结成冰，体积膨胀，从而使岩石受到破坏。这样年复一年的物理风化作用，不仅使岩石受到破坏，而且使其中所含

拓展阅读

太阳辐射测量仪

太阳辐射测量仪是测量太阳总辐射和分光辐射的仪器。它的基本原理是将接收到的太阳辐射能以最小的损失转变成其他形式能量，如热能、电能，以便进行测量。用于总辐射强度测量的有太阳热量计和日射强度计两类。太阳热量计测量垂直入射的太阳辐射能。使用最广泛的是埃斯特罗姆电补偿热量计。

的矿物质分解，于是，大量盐分汇集于湖底，出现湖底高盐现象。至于湖底高温，科学家认为是太阳辐射的结果。在一般情况下，如果湖水升温则比重减小，那么湖水必然升到湖面，散发掉热量。但在干谷中的这些湖，湖底含盐极高，故受热升温后也不致产生上述的对流现象。另外，因湖水清澈透底，即使很弱的阳光透入湖底，也能使水温提高，从而形成如今湖底高温的现象。

对世界各大洲来说，河流就像动脉，但是在南极大陆，河流就显得有些不同。冬季，无处不是冰天雪地，没有流水的河流。到了夏季，冰雪融化的少量水流汇集成一些不入海的内陆水系，其中怀特岩的奥尼克斯河是南极大陆最大的河流，但其水深也不过膝，它是范达湖湖水的主要来源。在大陆周围的一些岛屿上，夏季融化的雪水往往汇集成短促的季节性溪流，然而一到冬季，它们就消失了。

南极大陆冰架

在南极，长年不化的冰雪组成了南极冰盖。由于固体冰具有可塑性，因此它们会向四周运动。当流动到大陆周围的海湾时，海湾一般风小浪小，海冰不易破碎，内陆冰就叠架在海冰上，形成冰架，也叫陆缘冰。世界上最著名的冰架是西南极洲的罗斯冰架和威德尔海湾的菲尔希纳冰架。罗斯冰架面积约54万平方千米，有整个法国那么大，是当今世界上最大的一个浮动冰块，而这个冰架还在不断向外延伸。与罗斯冰架相对应的菲尔希纳冰架，面积约40万平方千米，厚度为200～1000米。据不完全统计，南极洲有大大小小的陆缘冰架约300个。

南极陆缘冰架对于南极考察有利有弊，弊多利少。陆缘冰架使船只不能靠岸，小艇和驳船卸运物资会因此受阻。小的陆缘冰区，在南极夏季时，开始融化，冰层变脆变薄，从冰面上卸运物资是不可能的，而大的陆缘冰架则终年不化，且宽大厚实，有些国家就充分利用它为南极考察服务。

雪藏了17年的LC-130重见天日

2002年2月，美国科学基金会（NSF）修复了一架坠毁在南极，在冰雪中埋藏17年的LC-130。该机在1959年制造，为南极考察项目服务。1971年12月该机起飞时螺旋桨脱落，击中发动机和机身。飞机迫降，10名机组人员在冰雪中等待了三天，坚持到救援人员来临。由于维修成本高，美国将这架LC-130遗弃在南极洲的冰雪之中。

例如，罗斯冰架的右侧有一个小岛叫罗斯岛，在这个岛上新西兰建立了斯科特站，美国建立了麦克默多站。美国在麦克默多站附近修建了一个能起落大型"LC-130大力神"运输飞机的机场，飞机跑道直接建在罗斯冰架的冰面上。但是，机场的跑道必须年年维修和延长，否则由于冰架不断移动，机场将会离麦克默多站区越来越远。还有日本南极考察队的绝大部分物资都是从船上卸到陆缘冰架上，再从陆缘冰架上运输到昭和站，运输距离约 50 千米。大量物资直接卸到陆缘冰架上后，必须立即转运到内陆站，不然边缘冰层破裂，物资不是掉到海里，就是随冰块漂走。

一般来说，南极大陆的海岸的坡度都很陡。大陆冰从中心缓慢向四周运动而形成的山地冰川、陆缘冰和冰舌等，冰面上常常形成一道道冰裂缝。冰裂缝的宽窄、长短、深浅不尽相同，但几乎所有裂缝的两壁都是光滑的。在冰原上行走稍不小心，掉入裂缝中，即使不被摔得粉身碎骨，要想沿着冰壁爬上来也是相当艰难的。此外，冰原上有些细小的裂缝，车和人在它的上面行走，虽不会发生大的危险，但它会因受冲击而塌陷，并发出嘎嘎的震耳欲聋的声响。更为可怕的是，伸向海洋中的陆缘冰架和冰舌，由于内陆冰不断地挤压，加上风浪的冲击，冰层会猛然断裂开来，导致可怕的冰崩。中国首次东南极考察队"极地"号船就遇到了连续 3 次巨大冰崩的威胁。

科学家们纵览各种考察资料并经过综合分析以后认为，在冰川的发展过程中，要求每年获得的雪量能补偿因蒸发、消融和被风吹失的雪量，即得到所谓的亚正常冰川补给，才能保持其原有的规模。目前世界上大部分冰川都因为融多于积而趋向退缩。比如挪威北部的林格恩峡湾地带的冰川，因为缺乏正常补给而入不敷出，原本伸入海中的陆缘冰和冰障、冰舌等这些庞然大物都已荡然无存了。与此相反，在南极，冰川的融化和蒸发现象极为微弱，虽然狂风在顷刻之间便可将冰盖上某处的积雪一扫而光，但因为冰原辽阔，加上阵风此伏彼起，雪飘无定，尤其是极地气温寒暖季相差无几，常年的酷寒，使冰雪几乎只积不融，这为冰川加固、增高和扩展提供了有利的条件。尽管冰盖入海前缘，络绎不绝地向大海输送一座座冰山，但沿海地带的陆缘冰、冰障和冰舌，由于有大陆冰盖作为强大后盾，源源不断地提供了正常冰川补给，南极冰川始终保持着庞大的规模。

📷 南大洋的两张面孔

南大洋的表面在冬季和夏季是明显不同的。在每年的 3 月下旬，南极洲就会进入寒冷的冬季，南大洋水温也随之下降到 -1.8℃，这时候，冰就开始在大陆沿海形成，并且一层层地逐渐把南大洋表面覆盖。

在寒冷的冬季，南大洋有时会刮起狂风。狂风卷起巨浪，把厚厚的新冰层粉碎成千万块小冰块。这些小冰块在风浪中互相碰撞摩擦，渐渐把棱角磨光，形成美丽的"荷叶冰"。随着温度的下降，"荷叶冰"又冻结成一体。之后再被风浪所破碎，然后又冻结，就这样反复几次，最后，南大洋表面结成厚厚的固定海冰层。到 10 月份，海冰层厚度达到最大，平均厚度达 1.5 ~ 2米，越靠近大陆沿岸，海冰越厚。这期间，整个南大洋被厚厚的海冰层覆盖，并与南极大陆冰盖连成一体，于是，曾经波涛汹涌、一片蔚蓝的南大洋就变成了无边无际的白色的"南冰洋"了。此时，海冰的面积可达 2000 万平方千米，从南极大陆向外延伸 300 ~ 400 千米，个别地区可伸展到南纬 55°，把整个南大洋全部封锁了起来，致使南极洲成为与世隔绝的神秘境地。而此时正在南极进行科考的世界各国的越冬考察队员要在这样的世界里度过 8 个月，熬过极夜，耐心地等待南极夏季的到来。

而在每年的 11 月中旬，南大洋就会进入夏季，海冰表层开始融化，南大洋呈现出喧闹的景象，南极从此进入一年一度的黄金季节。

在 11 月份，南大洋封冻的海冰开始解冻破碎，密密麻麻的大小冰块漂浮在洋面上，数万座与海冰层冻结一体的冰山好像从冬眠中苏醒过来似的，开始了漂移。南大洋也露出了它湛蓝的本色，开始显示出它那自然的威力。被海冰层压抑了几个月的浪涛又咆哮了，再加上狂风的推波助澜，海浪就像一只发了疯的野兽，想要吞噬敢于闯入它的范围内的一切。

这个时期，对各国的南极考察船来说是一个非常难得的黄金季节。它们闯过暴风圈，频繁地往来南极洲，输送队员，替换越冬队员，补给物资和进行南大洋考察。

所谓暴风圈，是南极的一大风系。世界著名的西风带，其中心位于南纬 50° ~ 60° 的辽阔海洋上，与南极辐合带的中心位置基本一致。正如其名，在西风带里常年刮着西风，一般风力 4 ~ 6 级，浪高 4 ~ 5 米。当受到极地气旋影响时，浪高达 10 ~ 20 米，历史上曾记录到 30 多米的浪高，西风带是来往于南极的必经之路，航行在西风带的船只摇摆角度达 20°～40°。对每个乘船赴南极的队员来说，只有挺住西风带的颠簸煎熬，才有希望胜利地到达南极。

正因为如此，人们才说南大洋有两张面孔。

◑ 南大洋的海底结构

和世界各大洋一样，南大洋的海底地形也是千变万化、十分复杂的。大体上来说，南大洋的海底地形可以分成下列几类：陆缘和海底高原、深海平原和深海盆地以及边缘深沟和洋中脊。

陆缘区本身可分为 3 个特征完全不同的区域：大陆架、大陆坡和大陆隆起。

在南大洋，其大陆架区的坡度变化非常小。大陆架多与海岩相接，水深一般为100～150 米。但是南极大陆架的水深要比这大得多，达 400～600 米。大陆架向海一侧的边界是大陆坡。大陆坡是高差极大的陡坡，偶尔会被陡峭的水下深沟所切割。大陆坡一直延伸到大约3000 米水深处，与较为平缓的大陆隆起相接。

大陆隆起覆盖的大陆碎屑沉积物，厚度常常超过 1000 米，而大陆隆起斜坡下端与非常平坦的深海平原的结合部，沉积物却是厚度仅有 50 多米的薄层沉积物。大多数的深海盆地的深度都处于 4000～6000 米，那里有许多大洋隆起和深海丘陵，它们的起伏程度取决于覆盖在上面的沉积物的状态，除深海丘陵外，深海盆地沉积物的厚度一般都大于 200 米。在边缘区，起伏很大的洋底可能出现狭窄的陆缘海沟。

在南大洋的陆缘海沟里，南桑威奇群岛东侧的南桑威奇海沟是最具有典型性的了，其最大深度可达 9000 米。从大洋盆地耸起的海底高原，水深均小于 2000 米，形成相当平坦的海底区域，有些海底高原的水深还不到 200 米，并常常覆盖着较厚的海洋沉积物。

洋中脊的所在地是大洋盆地的中心所在，洋中脊从很深的海底一直升到水深小于 4000 米的地方，另外，洋中脊顶部，有宽为 10～20 千米、深达 500 米的曲折断谷。

对人类来说，南极的大陆架和海底高原非常的重要，因为那里水不太深，常覆盖着很厚的沉积物，具有重要经济价值的烃类化合物——石油和天然气则可能埋藏其中。南极洲周围的大陆架，只有罗斯海和威德尔海处较宽，其次是艾默里冰架外的陆架区，其余地方的陆架区都相当窄，仅有十几千米宽。正如上面所说，南极大陆架的深度一般在 400～600 米，比其他地区的大陆架深得多。另外，人们认为，现在由海水覆盖着的、极深的南极深水大陆架，并不能简单地看成是由于冰盖重压而造成南极大陆下沉的结果。南极大陆架之所以达到如此深度，很可能是由于最后一次冰期最盛时期的南极冰盖的规模相当大，外流冰的刻蚀加大了陆架的深度。

基本小知识

威德尔海

威德尔海是大西洋最南端的属海，深入南极大陆海岸，形成凹入的大海湾。其中心点地理坐标大致为南纬73°，西经45°。它南临南极半岛，东为科茨地，最南是广阔的菲尔希纳和龙尼冰棚前方的冰障。英国探险家和猎海豹者威德尔于 1823 年乘"珍妮"号帆船，从南奥克尼群岛出发，向东南方向航行，发现这片海域。

南极大陆是一块非常特殊的大陆，潜伏在南极辐合带之下的洋中脊体系紧紧地将它包围着。印度洋洋中脊的南延部分直达澳大利亚以南，并成为太平洋至南极海脊或东太平洋海脊的南延部分。这一海脊的分支沿智利海脊伸向南美洲海岸，在那里，它与安第斯山系的巨大褶皱带的关系就变得模糊不清了。这一海脊在南美洲南端以南海域又重新出现，称为沙克尔顿破裂带，再向南桑威奇群岛以西延伸，由此成为大西洋洋中脊南端的西南分支。从克罗泽高原以北通过的大西洋洋中脊的一个东南向分支，最终把大西洋洋中脊和印度洋洋中脊连接在一起。

洋中脊

洋中脊，又称中央海岭，在地貌上，是一条在大洋中延伸的海底山脉；在地质上，是一种巨型构造带，断裂特别发育。板块构造学说认为，洋中脊是地幔对流上升形成的，是板块分离的部位，也是新地壳开始生长的地方。洋中脊顶部的地壳热量相当大，是地热的排泄口，并有火山活动，地震活动也很活跃。

由此可见，南大洋的海底地貌单元比较齐全，但是，其大部分是相邻海洋中的延伸体，很少有自己的独立体系。另外，南大洋的复杂组合，也造成了海水及其中海流系统的复杂性。这里的中层水，其范围在海深 500 ~ 1200 米，具有低温、低盐度以至较低密度的特征。

◉ 南大洋的水体循环

一般说来，南大洋的海流是非常复杂的。在南大洋，被南极大陆近岸冰冷却了的沿岸水向下沉，并沿洋底向北流动，表层形成的空缺，由印度洋、太平洋和大西洋向南流动的较温暖的深层水上升补充。这种深层水富含营养物质，如硝酸盐和亚硝酸盐所固定的氮以及大量的磷和硅等。这些富含养分的暖水与溶解氧饱和度可达 95% 的南极冷水在南极辐合带相遇后，为硅藻和其他单细胞浮游植物的繁殖提供了丰富的营养。大量的浮游植物构成了南大洋简单食物链的第一环，维持着南大洋里巨大的生命活动。尽管南大洋中的生物种类贫乏，然而，其生物量比世界上任何海洋都多。

◉ 南极洲的形成

人类对南极的研究，还有一个重要的课题，那就是南极洲究竟是怎样形成的呢?

　　1912 年,德国气象学家和极地探险家阿尔弗雷德·魏格纳提出了"大陆漂移学说"。这个学说认为:地球上一块块分散的大陆,在远古时代是连在一起的。后来由于地壳的运动,古老的大陆裂开了,开始漂移,逐渐形成了今天地球上的大陆分布。

　　但是,这个学说却遭到了当时许多科学家的反对,他们还嘲笑这种观点是荒唐的。

　　1957～1958 年国际地球物理年期间,科学家们揭示出一个重大的科学秘密:冰雪覆盖的南极洲曾经有过温暖的时期。同时,许多证据证明,南极洲曾与其他大陆相似,从而支持了当时争议非常大的大陆漂移学说。

　　根据"大陆漂移学说",科学家这样解释今天的大陆分布的格局以及南极大陆的形成:大约在 5 亿年前,在地球赤道一带存在着 3 个大陆板块,大致相当现在的亚洲、欧洲和北美洲。其他大陆则分布在南半球,连成一个板块。过了 1 亿年左右,上述几个板块通过漂移和碰撞以及剧烈的地壳运动,又合并在一起,形成了一个空前巨大的"联合古陆",也有称之为"超级大陆"的。后来,"超级大陆"逐渐一分为二,北面的叫劳亚大陆,南面的叫冈瓦纳大陆。在大约 1.7 亿年前的侏罗纪末期,冈瓦纳大陆分裂成东、西冈瓦纳大陆。东冈瓦纳大陆由南极洲、印度、新西兰和澳大利亚组成;西冈瓦纳大陆由南美洲和非洲组成。在大约 1.15 亿年前的晚侏罗纪或早白垩纪时期,西冈瓦纳大陆分裂成非洲和南美洲。在分裂过程中,非洲板块与欧洲板块相撞,形成了阿尔卑斯山;印度大陆也在同一时期从东冈瓦纳大陆分离出来,向北漂移。

　　在 0.5 亿年前的始新世,印度大陆撞进亚洲板块的下腹部,世界屋脊青藏高原以及喜马拉雅山脉就在此时形成了,并且喜马拉雅山脉在近百万年以来一直在继续上升,从而形成全球最高峰——珠穆朗玛峰。当两块海洋板块相撞时,板块嵌入地幔被高温熔化,又被高压迸出而成为海底火山,部分熔岩冒出海面形成岛弧。南极大陆周围的南设得兰群岛、南奥克尼群岛和南桑威奇群岛等组成的岛弧就是这样形成的。它们不仅有很多活火山,而且还与南美洲接近的南极洲海域的列岛在地质构造上大体一致。

"大陆漂移学说"

　　1912 年魏格纳正式提出了"大陆漂移学说"，并在 1915 年发表的《海陆的起源》一书中作了论证。由于不能更好地解释漂移的机制问题，当时这一学说曾受到地球物理学家的反对。20 世纪 50 年代中期至 60 年代，随着古地磁与地震学、宇航观测的发展，一度沉寂的"大陆漂移说"获得了新生，并为板块构造学的发展奠定了基础。

　　也就在这个时期，澳大利亚与南极洲开始分离。到了 0.39 亿年前的渐新世，澳大利亚与南极洲最后分离，并且南极半岛与南美洲分离，形成现在的德雷克海峡。从此，南极大陆在地理上完全独立了，地球上基本形成了目前七大洲的雏形。但是，它们的地理位置仍然在不停地移动着，变化着，只是人们一时难以察觉而已。而漂移到极地的南极大陆，由于这里纬度高，终年得不到直射的太阳光，气温逐渐变低，造成降雪不融，积冰不化。随着岁月的流逝，世纪的更替，原来兴旺一时的生物销声匿迹，成了长眠在地下的化石，原来四季如春的境地也变成风雪肆虐的冰库。

　　为了证明冈瓦纳古陆的存在，科学家开始寻找支持这些说法的证据。多年来，科学家对冈瓦纳古陆的碎片，也就是非洲、南美洲、澳大利亚、南极洲等几块大陆，进行了大量的考察和研究，并且找到了许多证据，说明在地质历史上，这些大陆确实是连在一起的。

　　比如说，科学家在南极发现的舌羊齿植物化石，在其他几块大陆上，几乎都找到了同样的化石，而且分布得很有规律。这说明当时的冈瓦纳古陆，气候温暖湿润，到处生长着舌羊齿植物森林。

　　但是，单有舌羊齿植物化石这一项发现，还不足以支持"大陆漂移学说"，还不足以证明南极大陆就是冈瓦纳古陆的一部分。那些"大陆漂移说"的反对者认为，舌羊齿植物是靠孢子繁殖后代的。孢子又轻又小，它的传播完全可以不受大海大洋的限制。因为，风可以把小小的孢子，从非洲、澳大利亚等地方，吹送到遥远的南极；奔流不息的海流，同样可以把漂浮在水面上的孢子送到海洋的另一边去。

为了证明南极曾是冈瓦纳古陆的一部分，科学家们加大了对南极的研究，最终找到了新的证据。

1967年，一支美国地质考察队爬上了彼尔德莫冰川西侧的一座尖削的山峰，四周一望无垠的白雪与暗色的山岩，形成了鲜明的对照。一层层性质不同的岩石水平状地堆积起来，有沙粒胶结起来的砂岩，有淤泥变成的页岩，颜色也各不相同。

经过一番努力，考察队在这个山峰陡崖上部的砂岩地层中找到了一些古老动物骨骼的碎片。但是，由于这些骨骼已经破碎得十分厉害，如果没有丰富的知识和经验，是根本无法辨别出它们到底是什么的。

无奈之下，考察队员只好把这些碎片送到美国自然历史博物馆去。在那里，经过一位有名的古生物学家的研究和鉴定，确定它是一种生活在3亿年前的迷齿类动物的下骺骨。这类动物是世界上一切陆生兽类的祖先。

在生物进化史上，迷齿类动物有着十分重要的地位。在地球上，迷齿类动物出现以前，动物都生活水里，包括海洋和陆地上的淡水。而迷齿类动物是第一个离开了原来生活的淡水湖沼走上了陆地生活的动物。

而在考察队在南极发现迷齿类动物化石之前，在离南极3000多千米以外

水龙兽复原图

的南非的地层中就已经发现了大量的迷齿类动物的化石。那么，这种古动物能从南极大陆的腹地越过大洋游到南非去吗？要知道，迷齿类是一种只能在淡水中生活的动物，它是不可能游过含盐相当高的海水的。另外，它的体形也不适于长距离游泳，更不可能在惊涛骇浪中横渡千里海洋到达南极。这无疑证明了"大陆漂移说"的正确性。

在 1969 年到 1970 年的夏天，一队古生物考察队又在彼尔德莫冰川附近的古河流的砾石层中找到新的化石。这些化石也不是很完整的，但是数量非常多。这种情况只有在南非的卡洛盆地才碰到过。

知识小链接

美国自然历史博物馆

美国自然历史博物馆是纽约最受欢迎的旅游胜地之一。四层楼的展览囊括了多种多样的主题，几乎每个人都能在这里找到自己的兴趣之所在。大人和孩子们都会对庞大的恐龙化石、大蓝鲸，以及许多的文化厅留下深深的印象。该博物馆以其科学性和知识性给人以无与伦比的难忘体验。

这是一种长相十分古怪的动物化石，它的外形像河马，但个子很小，还没有一只羊大。长圆形的脑袋上长着一双深陷的眼睛和一个高高突起的鼻子，嘴巴朝下，两根獠牙从上颚伸出，嘴巴里再也没有其他牙齿了。它可以水陆两栖，所以叫水龙兽。最令科学家感兴趣的是，这种水龙兽的化石，在南非和印度也都有。这也说明在 2 亿年前，南极还是冈瓦纳古陆的一部分，气候也并不是像今天这样冰封雪盖的样子，而是一个适合动物生存的环境。

除了古生物化石，还有一种可以证明冈瓦纳古陆存在的证据，就是大陆上的岩层。地球上各种岩层就像一本巨大无比的书，记载着地球的沧桑历史。而岩层中埋藏的各种各样的化石，就是这本书中的文字。只要读懂它们，就能读懂岩层这本书。

但是，有时候地层中并没有化石，不过这也难不倒科学家，因为岩层本身也是一种"文字"。比如，在南极大陆的

拓展阅读

冰碛湖

冰碛湖是冰川在末端消融后退时，挟带的砾石在地面堆积成四周高、中间低的洼地，或堵塞部分河床、积水形成的湖泊。它们一般海拔较高，因此湖体较小。

崇山峻岭中找到的冰碛，也为"大陆漂移说"提供了证据。

所谓冰碛，指的是冰川移动的时候，把挟带的岩石和泥土碎屑等堆积成的一种物质总称。巨大的冰川，沿着山谷或斜坡缓缓地流动，剥蚀着下面和两侧的岩石和泥土，把它们掘出来统统带到冰体的内部，一起流动。这些挟带在冰体内的石块，彼此摩擦挤压，在岩块表面上刻出一条条深深的擦痕。等到后来，冰川消融，混在冰体中的杂七杂八的岩块、碎石、沙粒和泥土就堆积下来。各种沉积物，杂乱无章地堆在一起，很难找到明显的层次，这就是冰碛的特征。

但是，冰碛中的岩块表面上的擦痕可以告诉人们，冰川从哪儿来，流向哪儿去。

1960 年，一支地质考察队在南极横断山脉中段的一个山峰上，发现了冰碛。这里的冰碛有 200 多米厚，上面覆盖的砂岩和页岩中，含有舌羊齿植物的化石；冰碛的下面，是更古老的地层。本来，在南极发现冰碛并不值得奇怪，但是，在南极发现冰碛之前，人们早就在南非、澳大利亚等地方发现了同样的冰碛。经过测算，这些冰碛生成的年代和南极大陆上的冰碛一样古老，都是形成于距今 3 亿～2.7 亿年。同时，这些冰碛分布很广，说明当时这些地方的冰川规模也很大。这也正说明，这些大陆在当时都是连在一起的，并且处在极地附近。所以，这块古大陆的大部分都被冰雪覆盖着，这也是这些地方的冰碛的由来。这也正符合"大陆漂移说"。

并且，在南非南部和澳大利亚南部发现冰碛的时候，科学家们发现这些冰碛上的擦痕很奇怪。因为如果按照这些擦痕来判断，这两块大陆上的冰川，都是来自南面的海洋。也就是说，冰川从海洋流向陆地。这确实难以费解。但是，在南极发现冰碛，这些疑难问题就迎刃而解了。原来，当时南非南部和澳大利亚南部都和南极连接着。南极大陆才是冰川的真正发源地。巨大的冰川从南极流向南非和澳大利亚，把冰碛遗留在这几块大陆上。冰碛上的擦痕，也正好说明了古老冰川从南向北的运动。

总的来说，无论是古生物化石的发现还是冰碛的证明，这都说明一个事实，就是冈瓦纳古陆确实是存在的。在距离现在 3 亿～2.7 亿年前，冈瓦纳古陆离南极比较近，大部分地区被巨大的冰雪覆盖着。后来，它又逐渐向北漂移，离开了极地，漂向赤道。气候转暖了，古陆上许多地方生长起茂密的舌羊齿植物的森林，并且还出现了迷齿类、水龙兽一类古动物。直到 2.2 亿～2 亿年前，冈瓦纳古陆分裂了。它的碎块逐渐漂移到了今天的位置上，形成了非洲、澳大利亚、南美洲、印度等。南极洲也在这个时候形成了。

🧭 世界的寒极

南极是世界上最寒冷的地方。南极气候最突出的特点之一就是酷寒。1983 年 7 月 31 日，前苏联科学家在海拔 3400 米，离南极大陆海岸和南极点的距离都是 1260 千米的东方站观测到世界上最低的气温记录——$-89.2℃$。要知道在这样低的气温下，从空中掉在地上的钢板就会被摔得粉碎，从空中倒下一杯滚开的水，落下来就变成了冰碴。所以，人们将南极洲称为世界寒极。

南极一年三百六十多天都处在严寒之中，不像世界的多数地区那样四季分明。根据南极气温的变化，南极气候仅有夏季和冬季两个季节。夏季约从 11 月中旬至来年 3 月中旬，冬季约从 4 月中旬至 10 月中旬。这种气候类型属于陆地冰气候。这种气候的特点是：不论是夏季还是冬季，气温都很低，也就是说，一年之中是持续低温。所以，即便是在南极夏季，生活在那里的考察队员也要穿厚厚的衣服御寒。

在南极，夏季中最暖的月份是 1 月份，沿海地区月平均气温为 0℃ 左右，内陆高原地区在 $-32℃$ 左右。冬季最冷的时候在 7 月，沿海地区月平均温度为 $-30℃$ 左右，内陆高原地区为 $-72℃$ 左右。南极全年平均气温的情况是：沿海地区年平均气温为 $-17℃$，内陆高原地区年平均气温为 $-35℃$，整个南极大陆年平均气温为 $-25℃$。

南极之所以会这样寒冷，科学家归纳出 5 个原因：

（1）南极巨大的冰盖是地球上第一大"冷源"，终日散发着寒气，使空气迅速冷却。

（2）南极所处的纬度很高，太阳入射角很低，斜射的阳光热量很弱。地面吸收到的太阳辐射能量本来就很少，而白色冰盖又把吸收到的少量热能的绝大部分反射回空中，这是南极天气寒冷的一个主要因素。即使在夏季太阳24小时不落的白昼期间，由于夏季的天空云量很大，太阳辐射能量的大部分被云层反射回去。所以，夏季还是比较冷的。

（3）围绕着南极洲的南大洋的封冻海冰，有些常年不化，阻碍了海水同空气之间的热量交换，使南极四周的海面始终保持低温。

（4）南大洋洋面上，终年刮着强劲的西风，它包围了南极大陆，影响着来自北方的暖湿空气顺利地到达南极洲。

（5）南极的严寒也和它的高原海拔有关。按照地面气温垂直递降的规律，海拔每升高100米，气温要降低0.65℃。而在南极高原地区，海拔都有三四千米高。

◆ 世界风极

南极以多暴风雪而著称于世，其风暴之频繁，风力之强大都令人所惊叹。

1960年10月10日下午，在日本昭和站进行科学考察的福岛博士，走出基地的食堂去喂狗，突然一阵风速35米/秒的暴风雪袭来，福岛博士就从此失了踪。直到7年后，1967年2月9日，在距离昭和站的4.2千米处，人们才发现了他的尸体。猛烈的风暴将福岛博士卷走了那么远，而且由于气候干燥、寒冷，福岛博士的遗体成了一具完整的木乃伊。

在南极洲，暴风摧毁房屋、卷走飞机的事例也很多。1990年6月，83米/秒的飓风袭击了阿根廷的马兰比奥站，站上房屋大部分被摧毁。该次飓风共造成3人死亡，50多人受伤，其他损失更是难以估量。

南极风暴之所以会这样频繁、强劲，主要因为南极大陆冰盖中心高原与四周沿岸地区之间是一个陡坡地形。内陆高原的空气遇冷收缩，密度增大，这种又冷又重的冷气流从冰盖高原沿着冰面陡坡向四周急剧下滑，到了沿海地带，地势骤然下降，使冷气流下滑速度加大，于是便形成了具有强大破坏力的下降风。再加上地球自转的影响，向北流动的气流总是向左偏转，于是在大陆沿海地带形成了偏东大风。通过多年气象观测证实，南极大陆沿海地带的风最大，风向偏东，平均风速为17～18 米/秒。特别是东南极大陆沿岸，从恩德比地沿海到阿德利地沿岸，这一带海岸的风力最强，风速可达 40～50 米/秒，因此人们称之为风暴海岸。根据澳大利亚莫森站统计，每年 8 级以上大风日就有 300 天。法国的迪尔维尔站曾观测到风速达 100 米/秒的飓风，这相当于 12 级台风的 3 倍，这也是迄今为止世界上记录到的最大风速。

人们也因此将南极洲称为世界风极。

▶ "天气制造厂"

我们的地球外层由一层厚厚的大气包围着。这层大气不停地运动着，变化着。

关注大气的一举一动，是气象站工作人员的一项重要工作内容。他们力图捕捉它的变化规律，预告今后的天气。在这庞大的全球气象网中，南极的气象观测站占据着重要的地位。

地球上的大气运动十分复杂，受热的大气从赤道上升，流向南北半球，中途经过多次上升、下沉、向西、向东，但是总的方向是不变的，就是从赤道流向两极，又从两极流向赤道，就这样永不停息地循环着。

太阳热能是驱动全球大气循环的主要力量。太阳从遥远的太空给人间送来了温暖和光明，但是地球上各部分受到太阳的热量是不均衡的。赤道地区几乎终年受到阳光的直射，接受热量多，温度很高。两极只有半年能受到太阳的斜射，另外半年不见阳光，接受的热量很少，温度很低。赤道和两极之间，温度相差可以达到100℃！赤道上空的大气受热膨胀上升，向两极方向流去。热空气到了两极上空，遇冷收缩下沉，又向赤道的方向流去，补充赤道的上升气流。可以说，赤道和两极之间巨大的温差，就是大气环流的基本动力。没有这样的温差，就不能形成大气环流，也就没有形形色色的天气变化。所以，有人把南北两极称为地球的"天气制造厂"。

知识小链接

大气环流

大气环流一般是指具有世界规模的、大范围的大气运行现象，既包括平均状态，也包括瞬时现象，其水平尺度在数千千米以上，垂直尺度在10千米以上，时间尺度在数天以上。某一大范围的地区（如欧亚地区、半球、全球），某一大气层次（如对流层、平流层、中层、整个大气圈），在一个长时期（如月、季、年、多年）的大气运动的平均状态或某一个时段（如一周、梅雨期间）的大气运动的变化过程都可以称为大气环流。

南极的奇妙景观

极地最大的特征是：冬天时在南极几乎看不到太阳，称为极夜；而夏天时就算到了午夜太阳也不会下山，称为极昼。

南极是冰雪的世界，冰雪的世界晶莹剔透，千姿百态，动静交融，奇妙无穷。

南极的海域中，最引人注目的便是漂浮在海上的一座座晶莹透亮的冰山。其数量是十分巨大的，南冰洋上的冰山大约就有 22 万座，北极海域的冰山也有数万座。

出现在南极冰雪世界的"蓬莱仙境""海市蜃楼"，使极地的景色更加迷人，更加壮观，也为极地倍增了神秘的色彩。

在南极的天空中，存在着大量的微小冰晶体，通过折射、反射太阳光，也会形成变幻无穷的美妙现象——幻日。

极光是一种大气发光现象。极光多种多样，绮丽无比，任何彩笔都很难绘出这种变幻莫测的炫目之光。

特殊的 "荒漠"

在地球上，干燥荒凉、寸草不生的荒漠大约占全球陆地面积的1/3。它包括砾石遍地的砾漠，也叫戈壁；沙丘绵延起伏的沙漠；高山高原上的寒漠。不管其名称如何，它们有一个共同的特点，就是少雨。

如果以少雨作为标准来衡量，南极大陆的大部分也应该算荒漠——一种特殊的由冰雪构成的白色荒漠。

整个南极大陆的年平均降水量只有55毫米，而且越往内陆，降水越少。到了大陆内部，年平均降水量只有30毫米；极点附近只有5毫米。这样少的降水量在其他大陆，只有在最干燥的荒漠才会出现。

另外，科学家们之所以管南极高原叫荒漠，还有一个原因就是因为它特别的"干燥"，这是指空气，而不是地面。按常理来说，南极上面冰雪堆积，缺什么也不会缺水的，无论如何也不会出现干燥的现象。但是，这种反常的情况却出现了，南极的低温是造成这种情况的"罪魁祸首"。

我们通过气象学了解到，空气中的水蒸气在达到饱和状态时的含量是随着温度的降低而急剧减少的。实验也证明，1立方米的空气，在40℃的时候，要含51克水蒸气，才能达到饱

拓展阅读

雨量器

雨量器是用于测量一段时间内累积降水量的仪器。其外壳是金属圆筒分上下两节，上节是一个口径为20厘米的盛水漏斗；下节筒内放一个储水瓶用来收集雨水。测量时，将雨水倒入特制的雨量杯内读取降水量毫米数。降雪季节可将储水瓶取出，换上不带漏斗的筒口，雪花可直接收集在雨量筒内，待雪融化后再读数，也可秤出雪的重量，然后根据筒口面积换算成毫米数。

和状态；到了 0℃，含不到 5 克的水蒸气就达到了饱和状态；到 - 40℃的时候，1 立方米的空气中含 0.1 克的水蒸气就已经达到饱和了。可见，到了南极 - 80℃的低温中，空气中的水蒸气简直少到微乎其微的地步了。这样干燥的空气，就是世界上最干燥的沙漠地区的空气也比不上它。

🔍 南极干谷

所谓南极干谷，实际上是一片贫瘠的区域，地面上散布着砾石。它拥有奇特美妙的地形，位于南极维多利亚陆地，这里几乎没有降雪，只有一些陡峭的岩石，它是南极洲唯一没有冰层的区域。这儿的地区看上去完全不像是地球，干谷底部有时存在着永久性冷冻湖，冰层有数米之厚。令人惊讶的是，在冰层下盐度非常高的水中，竟然还生活着一些神秘的简单有机生命体。

在南极地区，著名的干谷有 3 个，它们位于罗斯冰架以东和麦克默多湾上，分别被命名为泰勒、赖特和维多利亚干谷。

这些干谷边坡陡峭，呈 U 形，是由于冰川的刻蚀而形成的。但现在冰川早已融化。干谷范围很大，呈褐色或黑色，无植物生长，故被形容为"赤裸的石沟"。

在南极洲大部分地区，冰层的平均厚度达到 3000 米。可是在干谷地区，却很少降雪，降雪量大约相当于 25 毫米的年降雨量。即使下雪，雪也会被干燥的风吹走，或融化在周围吸收太阳热量的岩石之中。

在上面 3 个干谷中，每一个都有盐湖。最大的是万达湖。它有 60 多米深，湖面上有一层 4 米厚的冰

南极干谷

层。因为湖面上的冰层阻止其热量发散开去，湖底水温较暖，达到25℃。在干谷中动物尸体能长时间地保存在干冷的空气中。考察队员发现，在干谷里散布着被保存下来的海豹尸体，它们可能死于数百年，甚至数千年前。

冰 盖

从遥远的太空俯瞰地球，就可以发现在一片蓝色的海洋之中，漂浮着一个白棉被似的近圆形的块块，它伸出一只弯曲的手指般的半岛，跟南美洲南端的尖角遥遥相对，这个地方就是南极。

之所以从太空看南极像一个白棉被，只因为它的表面覆盖了一层厚厚的冰盖。据统计，世界上的冰积面积约占地球表面积的15%，其中的90%左右以冰盖的形式分布在南、北的极区。若它们全部融化成水后流入海洋里，可使世界海洋的海面升高50多米。同时，冰盖在极区的分布极不平衡，南极冰盖的体积占总冰盖的92%以上。同是严寒的冬末季节，南极冰盖的面积却为北极的2倍。

由于厚厚的冰盖，使得南极大陆的平均高度在海拔2300米以上，比多山多高原的亚洲，还要高出1000多米，因此，南极大陆也成了世界上最高的大陆。

同时，厚厚的冰盖掩盖了南极大陆高低不平的本来面目，形成了世界上最坦荡的高原。如果不仔细观察，不容易发觉南极大陆有什么大的起伏。只有用精密的测量仪器，才能把它的高低测量出来。高原中心高，四周低，最高点大约在南纬81°、东经75°一带，高度是4200米，冰盖从这里出发，向四周缓缓倾斜，只有到了沿海一带，地形才发生急剧的下降。

由于在南极盛行的狂风的作用，冰盖的表面相当粗糙。狂暴的风吹起沙子般的雪粒，又把它堆积起来，和风吹的方向相适应，形成一条条雪浪。在飞机上看去，雪浪犹如大海波涛，也像一片白色的沙漠。有的地方，风又把雪堆成山丘和各种美丽的地形，有的像深不可测的隧道，有的像峻峭的悬崖，有的像幻想中的宫殿。各种各样，美不胜收，成为南极一道壮丽的风景。

另外，南极冰盖还有很高的科研价值。因为夏季水中含同位素氘和氧 18 较多些，冬季较少些。科学家通过垂直钻探取样，测定相邻冰层中同位素的变化，这样就测定出了不同深度的冰龄。此外，分析不同深层的氧 18，可得到一条随时间变化的温度曲线，从而可知当时的年平均气温和古气候变化的规律。从取样中有时

你知道吗

陨石来自哪里

陨石是地球以外未燃尽的宇宙流星脱离原有运行轨道或成碎块散落到地球或其他行星表面的、石质的、铁质的或是石铁混合的物质，也称陨星。大多数陨石来自小行星带，小部分来自月球和火星。

还可获得古代宇宙尘埃、陨石、花粉、土砂、生物等标本。因此，南极大冰盖又被人们称为巨大的天然资料库。

冰的长城——冰障

乘船从新西兰惠灵顿港出发，一直向南航行，驶过浩瀚的南极海域，穿过浮冰和冰山区，在你的眼前就会出现冰障。它像墙壁一样竖立着，像是被神话中的金甲力士用巨大的神斧，一斧劈开似的。

所谓冰障，就是漂浮在南极海湾中的大陆冰盖的边缘。它像一条冰的长城，突起于深蓝色的海面之上，洁白、整齐、高大，一眼望不到边。南极大陆沿岸，冰障有十几处之多，其中最大的是罗斯冰障。

罗斯冰障是由英国航海家罗斯发现的。1841 年，罗斯第一次航行到南极的时候，就发现了它。探险家们对它那浩大的场面使惊叹不止，称它为"我们星球上最壮丽的景象"，并且给它起了罗斯冰障这个名字。

罗斯冰障位于罗斯海的后部，东西长 600 多千米，平均高度 30～40 米，从罗斯海东岸一直延伸到罗斯海的西岸。

罗斯冰障的后面是罗斯冰架，它是世界上最大的冰的平原。面积有 50 万平方千米，几乎和整个西班牙国土面积相当。

构成罗斯冰架的冰有 200～300 米厚，冰架的后半部直接跟海底地面接触，前半部漂浮在罗斯海上。冰架不停地向前移动着，并且不时地裂开，进入大海，形成一座座巨大的冰山。南极海面上漂浮的大部分平顶的桌状冰山，就是这种冰架破裂后形成的。

在罗斯冰架的右侧有一个低矮的小岛，叫罗斯福岛。在那里，罗斯冰架一分为二，在两个分开的冰架之间围成一个深入内地的海湾——鲸湾，这是南极探险初期有名的登陆地点。

1911 年，阿蒙森就是在这里登陆的。20 世纪前半期，美国的南极探险队也曾多次在这里登陆，并且在冰架上建立起了小亚美利加基地。可是，冰架每年都在向前移动，把基地不断地带向海洋。这样，每次考察队来到以后，都要重新建立新的基地。所以后来这个基地就被废弃了。

跟罗斯冰架相对的地方，在南极大陆的另一侧，靠近南极半岛，还有一个巨大的冰架，叫作菲尔希内尔冰架。它和罗斯冰架一样，相当宽阔，面积仅次于罗斯冰架。

冰川与冰瀑

在冰封的南极大陆上，也有许多河流。这些河流和其他大陆的河流一样，大部分发源山地。但是，这些河流又和其他大陆的河流有些不同，它们没有波涛，没有浪花，河床里不是流动的水，而是固体的冰。因此，人们并没有把它们称为河流，而是另外起了个名字，叫作冰川。

可以说，世界上任何地方也没有南极那么多、那么大的冰川。特别在南

冰　川

极横断山脉的中段，更是大冰川集中的地方。

南极横断山脉是世界上最雄伟的山脉之一。它全长 3200 多千米，从太平洋岸边开始，沿着罗斯海海岸逶迤向南，横穿南极大陆，直达大西洋岸边，把整个南极大陆一分两半。山脊上角峰峥嵘，耸入云霄，有许多山峰高出海面 3000～4000 千米，异常壮观。在南极横断山脉的背后，是广阔无边的南极冰盖，高度在 2000 米以上。它的前面，是海拔只有几十米的罗斯冰架。巨大的南极冰盖又厚又大，它本身巨大的压力，造成了冰盖的缓慢流动。缓缓移动的冰层，遇到这条高大山岭的阻挡，只好在山间夺路流出，形成了许多大型冰川。

在南极，彼尔德莫冰川是其中最大的冰川之一。它全长 160 多千米，宽度 16～30 千米，最宽的地方和长江口的宽度差不多，上下游的高低悬殊，可从 2000 多米下降到 60 多米。

在其他大陆，河流在落差大的地方，往往形成瀑布。冰川也不例外，它所形成的瀑布人们称之为冰瀑。实际上，这些冰瀑就是陡立的冰崖，有的高达 30 多米，就好像一座奔腾咆哮、直泻而下的瀑布突然之间冻结成了冰块，这是南极的又一大奇观。

大冰川在流动中，还不断接纳一些汇入的小冰川，这就是冰川的"支流"。由于大小冰川的力量不一致，流动的速度不同，就在冰面上扯出一道道裂缝。这种冰裂缝，深的有几十米，有的表面上还覆盖着雪层。冰川上不断发出冰的断裂声，

冰　瀑

冰川的萎缩程度惊人

由于全球气候逐渐变暖，世界各地冰川的面积和体积都有明显的减少，有些甚至消失。这种现象在低、中纬度的地方尤其显著。冰川萎缩的速度是相当惊人的。科学家预计，到2050年，全球大约25%以上的冰川将消失，到2100年可能达到50%。那时，可能只有在阿拉斯加、巴塔哥尼亚高原、喜马拉雅山和中亚山地还会有一些较大的冰川分布。

此起彼伏，动人心魄。在早期探险活动中，冰裂缝对探险队员的生命构成了极大地威胁，他们也因此把冰川称为"冰冻的地狱"。

但是，自从利用飞机这样的交通工具进行南极探险后，情况就不同了。从高空上观察冰川，也成了一件十分有趣的事情。在高空中，人们低头向下看，就会看见一条奔腾欲动的白色的河流，在阳光下晶莹夺目。密密麻麻的冰裂缝，排列得十分整齐，就像河上的波涛。但是，冰川毕竟不是真正的河流，它没有奔腾的激流，只是静静地躺在那里，以你觉察不到的速度，缓慢地流动着——据科学家们的测量，一年之间，冰川只能流动100～1000米。

壮观的火山

1971年8月中旬，极夜正笼罩着南极。而在此时，离南极半岛100多千米的一座小岛上，却有大量的火山灰纷纷飘落。得到了消息的阿根廷空军，立刻派出飞机前去摄影侦察。

原来，这次飘落的火山灰来自离南极半岛不远的南设得兰群岛的德赛普申岛的一座火山。当阿根廷空军赶到时，猛烈喷发期已经过去，但是仍可以看见遍地浓烟滚滚。不过，人们依旧可以想象出在炽热的岩浆顶开千年冰雪的那个时刻，冲天的烟火照红了漆黑的极夜天空的壮丽而神奇的景色！

由于这座火山的连续喷发，使得地面出现了一条100多米长的裂缝。裂缝的断面就是一道冰崖。科学家们发现，冰崖的断面是一层层堆积起来的——一层冰，一层火山灰。这是这座火山历史的一份最好记录。火山的裂缝里一直保持着比较高的温度，冰雪融化成的水，温度也很高，在冰天雪地里蒸腾着团团热气。

新西兰火山

　　火山有一种怪脾气，就是喜欢"群居"。世界上大部分火山都是成群地分布着。在太平洋四周就集中了世界上最多也最爱活动的火山。人们就把这里成串的火山，称为太平洋火圈。

　　南极大陆向着太平洋的一面，正好处在这个火圈的南段，它一端与南美大陆相连，一端与新西兰火山带相望，同样也是一个火山密集的地方。在南设得兰群岛、玛丽伯德地沿海和罗斯海沿岸，都有成群的火山。其中，罗斯岛上的埃里伯斯火山，高 3794 米。从 1841 年被发现到现在，它一直在活动着，山顶上终年烟雾缭绕。1976 年底，有人曾爬到这座火山顶上，看到在大火口旁有个小火口不断喷发着岩浆，造成了一个岩浆池，池面上的岩浆已经硬结成壳，粥一样的暗绿色岩浆不时突破硬壳从裂缝中涌出。据科学家推算，这座火山的年龄至少已有一百多万年了。

　　由于巨大冰盖的遮掩，可能有很多火山被埋在冰下，人们还没有发现。但是，根据已经发现的火山看，南极也称得上是一个多火山的大陆。

 会 "移动" 的科学考察站

　　1957 年，美国在南极极点设置了一个进行长期科学观测的基地，即阿蒙森－斯科特南极极点科学考察站。科学站里不仅设有各种观测设备，还建有

相当舒适的住房，即使在漆黑寒冷的极夜，也可以保证照常工作。就这样，观测工作年复一年地进行着。

但是到了20世纪70年代，那里的工作人员逐渐发现，这个基地的位置已经发生了移动。也就是说，本来正好设在南极点上的科学考察站，已经不在极点上了，它向南美洲的方向"移动"了100多米。平均每年移动速度约10米，每天移动速度不到3厘米。

经过研究，人们发现，并不是科学考察站在移动，而是它下面的冰层在移动。冰层不停地移动带动了建在冰层上面的科学考察站的移动，从而逐渐远离南极。为了能使科学考察站在南极点上，美国不得不考虑重建新站。这次，新站没有建在极点正上方，而是建在极点附近。预计几年以后，由于冰层的移动，可以使观测站"走"到极点上。即使这样，这个新站也只能用10多年。

移动的阿蒙森－斯科特科学考察站说明南极冰盖处在不停的运动之中，即使在南极大陆的腹地，冰盖也在缓慢地移动着。对于其移动的原因，科学家认为：高山上的冰川挂在倾斜的山坡上，它受到地球的重力作用，会向下滑动。而南极冰盖下面的地形有高有低，崎岖不平，它移动的情况，和高山冰川不完全相同。

冰是一种具有一定可塑性的固体，在一定的压力下，它可以改变自己的形状，时间一长，就向四周"塌"下去，也就是发生了移动的现象。尽管南极冰盖的冰比重比一般冰的密度重略小，但是，几千米厚的冰层所产生的压力还是十分巨大的。在强大的压力下，南极冰盖就会缓慢地从中央向冰盖四周移动。降雪又不断地压在冰盖上，使它的压力不致减少，冰盖的移动也就每年不停地进行着。它的速度一般是每年几米到几十米。

对于南极冰盖在不同地区的移动情况，科学家也已经测量出来，并且将这些数据进行处理，作出了整个南极冰盖的流动速度图。通过这张图，我们知道，南极冰盖的运动中心大致在南纬81°、东经78°的地方，这里冰盖的海拔高度超过4200米。南极冰盖就是从这里出发，移向四面八方的。

南极冰山

南极的冰盖年复一年地向大陆边缘移动，并且在岸边崩裂，变成海洋中的壮观的冰山，漂浮在海中。它们有的像百里长堤，有的像巨型的船只，有的像水晶般的山峰，顺着海流的方向缓缓前进。

如果你有幸能够乘船驶入南纬60°，那么，你就有机会目睹南大洋上漂浮的数以万计

冰　山

的冰山。南大洋上千姿百态的冰山多半是从陆缘冰边缘部分分裂出来的，有的冰山是从冰舌上分离出来的。冰山的形状除了平台形之外，还有桌形、塔形、梯形和月洞形等。它们有的就像漂泊在海面的一艘艘银白色巨舰；还有一些呈锥形，像埃及的金字塔一样。那些缓缓漂去的冰山，熠熠闪光，气势非凡；那些悠悠荡漾的冰块，在阳光照耀下，与碧波粼粼的海水相映，更显得晶莹皎洁，宛如朵朵白云漫游在蔚蓝的天空。

因为冰山都是淡水冰，其密度为0.9克/立方厘米，低于海水的密度，所以，这些冰山露出水面的部分和沉入水下的部分之比，一般为1/7～1/3。这些冰山漂浮在南大洋上，边漂流，边融化崩解。冰山可以顺着海流方向，漂到北方温暖的地方，最北可以漂到南纬30°左右，这里已经是南温带了。

最大的冰山要数平台冰山了。平台冰山的长度从几十米到数百千米不等，高度从十几米到百米以上。美国在1956年观测到一座平台冰山，长333千米，宽96千米。由于南大洋上漂浮的冰山体积大，周围洋面气温低，因此，

它们的寿命一般在 10～14 年。而北冰洋上的冰山的寿命一般为 2～4 年。无论数量上还是个头上，北冰洋的冰山比南大洋的冰山都逊色得多。

南大洋的冰山不仅影响着海域的自然环境，也给航行在极区的船只带来了极大的危险。尤其在漆黑的夜里，或大风、大雾的天气里，如果船只来不及躲避冰山而相撞，那将酿成冰海沉舟、船毁人亡的悲剧。在航海技术发达的今天，船上已有先进的导航设备，在任何天气情况下都能够发现远处的冰山，从而及时改变航向，避开冰山。但在冰山林立的海域航行，依然丝毫不能麻痹大意。

拓展思考

冰山模型

美国心理学家麦克利兰于 1973 年提出了一个著名的素质冰山模型，所谓冰山模型，就是将人员个体素质的不同表现划分为表面的"冰山以上部分"和深藏的"冰山以下部分"。其中，"冰山以上部分"包括基本知识、基本技能，是外在表现；而"冰山以下部分"包括社会角色、自我形象、特质和动机，是人内在的、难以测量的部分。

➡ 极 光

1831 年 3 月，南极探险家约翰·比斯科生动地记载过他所见到的南极极光的瑰丽景色："当时，几乎整夜都是一幅南极光的美妙景象，时而像高耸在头顶上的美丽的圆柱，突然变成拉开的帷幕，以后，又迅速卷成螺旋状的条带。时而这条带仿佛就在我们的头上。当然，一切都发生在近地面的大气层里。这在我见到的种种景象中，再没有比这更壮丽的了。"

所谓极光，指的是发生在极地上空的一种特有物理现象。

极光，顾名思义，只能出现在两极地区，或者说，仅出现在高纬度地区。

南极和北极都是观测研究极光的极好场所，而且南极的条件比北极更优越。一般说来，极光只能出现在地理纬度为60°以上、地磁纬度为67°以上的110千米的高空。越接近极点处，看到极光的机会越多。

极　光

自古以来，人类就对艳丽而又神秘的极光产生了极大兴趣。早在公元前32年，中国对极光现象就有记录，极光出现的时间、地点、颜色、亮度、形状、大小、运动范围、出没方位等，几乎现代极光观测所要求的多种要素都一一涉及。不过人类最早知道的只是北极光。1772～1775年，英国探险家詹姆斯·库克率队首航南极见到南极光之后，人们才开始注意和观测研究南极光。凡是见过南极光的人，都对它的奇妙色彩和动人景象惊叹不止。

准确地说，人类对极光的科学研究是最近两三百年的事，而取得重大进展是在1957～1958年国际地球物理年期间，对南极光的观测研究也是在这之后才开始的。随着科学技术的迅猛发展，人们开始采用先进的仪器设备对南极光进行观测研究。在日本的昭和站、前苏联的东方站、法国的迪尔维尔站、澳大利亚的戴维斯站和莫森站，都把对南极光的观测研究作为主要项目。经过科学家们孜孜不倦地艰苦努力，逐步弄清了极光的成因、形状特征、亮度规律以及与太阳活动的关系。

极光的形成如同日常所见到的氖气灯管一样，灯管中稀薄的气体受到带电粒子的强烈碰撞而发光，而极光就是高空大气中的一种发光过程。具体地说，极光是太阳放射出大量的质子和电子等带电微粒以高速度射进地球外围的高空大气层里，同大气层中的稀薄气体中的原子和分子进行剧烈地碰撞，而激发出来的光。

43

而地球本身就像一个巨大的吸铁石，它两端的磁极，也就是地球磁场的磁南极、磁北极分别在南、北极地区。当太阳放射出来的大量带电微粒射向地球时，受到地球南、北磁极的吸引，纷纷向南、北极地区涌入，所以，极光就集中出现于南、北极地区。

　　极光的颜色绚丽多彩，这是因为地球周围的大气中，含有氧、氮、氢、氖、氦、氩和氪等不同的气体分子。当带电微粒与不同的气体分子冲撞时，就发出不同颜色的光。如氖气受到冲击时就发出红颜色的光，氩发蓝光，氦发黄光，其他气体也是姹紫嫣红，各呈其色。科学家们发现，极光的颜色还取决于带电微粒相互碰撞的空间高度和这些带电微粒的波长。

　　极光形体的亮度变化是很大的。当太阳表面黑子增多，太阳射向地球大气层中的带电微粒就增多，这时极光就出现频繁。极光的强弱，取决于太阳的强度和太阳风的强度与方向。

　　对科学家而言，研究极光有着十分普遍的科学意义和实际应用方面的价值。科学家们通过研究极光的时空出现率，就能了解到形成极光的太阳粒子的起源以及这些粒子从太阳上形成，经过行星际空间、磁层、电离层，最终消失的过程。并能了解到在此过程中，这些粒子在一路上受到电的和磁的、物理的和化学的、静力学的和动力学的各种各样的作用力的情况。因此，极光可以作为日地关系的指示

太阳黑子

器，可以作为太阳和地磁活动的一种图像，通过它我们可以去探索太阳和磁层的奥秘。

　　极光还是一种宇宙现象，在其他磁性星体上也能见到。对极光等离子体的研究，能更好地理解太阳系的演变、进化，还可以研究极光作为日地物理

关系链中的一环，对气候和气象的影响以及生物效应等。

极光具有巨大的能量，可达几千电子伏特。历史上有记载的极光资料中，最惊人的一次极光出现在 1859 年。其感生电流十分强大，以至使美国的电报员不用电池便把电报从波士顿发到了波兰。有时，一次极光的能量可超过北美的总发电能力。

极光划破了漆黑的极地夜空，给南极的科学考察站带来了光明，给寂寞的大陆带来了生机和美感。极光的形状千姿百态，运动的状态也是千变万化、多种多样。科学家们把极光按照形状特点分为 5 大类：①底部整齐、微微弯曲呈圆弧状的极光弧；②有弯扭褶，宛如飘带状的极光带；③如云朵一般片朵状的极光片；④面纱一样均匀的帷幕状的极光幔；⑤沿磁力线方向呈射线状的极光芒。这千姿百态、瞬息万变的极光，就像仙女手持赤橙黄绿青蓝紫的彩练当空起舞一般。它时隐时现，幻景无穷，与目睹者的心情融合为一体，勾画出一幅幅美丽的画面。

◖▶ 极昼和极夜

在日常生活中，人们都知道，每天日出日落，白天黑夜交替，24 小时为一天。一天中白天和黑夜的时间在变化，或白天长、黑夜短，或黑夜长、白天短，或白天黑夜相等。不管如何变化，在 24 小时的一天里，总会有白天和黑夜交替出现。

在南极，每天中的白天和黑夜的交替就不再完全符合人们所习惯的 24 小时一天的规律了。南极有极昼，也叫白夜，太阳永不落山，天空总是亮的；

极　昼

相反，老是见不到太阳，天空总是黑的，这是极夜。极昼和极夜长短的变化，随着纬度的升高而不同，越往南走，纬度越高，极昼和极夜的时间越长，到南纬90°——南极点，极昼和极夜交替出现的时间各为半年。

你知道吗

极昼的规律

如果太阳直射点在哪个半球，那个半球极圈到极点地区就会出现极昼现象。极昼的范围与太阳直射点纬度有关，其边界与极点的纬度差就是太阳直射点的纬度。所以，春分过后，北极附近就会出现极昼，此后极昼范围越来越大；至夏至日达到最大，边界到达北极圈；夏至日过后，北极附近极昼范围逐渐缩小，至秋分日缩至0。

这种十分特殊的自然现象只有在地球上的南极和北极才能出现。这种现象的形成是地球沿着倾斜地轴自转所造成的结果。由于地球自转时地轴与垂线成一个约23.5°的倾斜角，因而地球在围绕着太阳公转的轨道上，有6个月的时间，南极和北极的其中一个极总是朝向太阳，另一个极总是背向太阳。假如北极朝向太阳，这时北极点在半年时间之内，太阳升起而不落，始终在地平线上转圈子，没有黑夜，全是白天。这时与北极相对应的南极则是背向太阳，在南极点的半年时间之内，太阳始终躲在地平线以下，没有白天，全是黑夜。到了下一个半年里，刚好相反，南极朝向太阳，北极背向太阳，半年的时间之内，南极点全是白天，北极点全是黑夜。因此，在南极点和北极点上，人们关于白天和黑夜的一般概念完全不适用了。这里白昼和黑夜的时间变化不是一天，而是整整一年。在南极点，一年的时间里只能见到一个白天，一个黑夜。当人们一步一步地离开南极点时，极昼或极夜的时间会随之缩短。假如到了南纬80°，极昼和极夜要进行交替的时候，有一段时间是每天有白天，也有黑夜；如果是极昼的末期，每天黑夜很短暂，然后短暂的黑夜时间越来越长，最后就变成了全是黑夜。反过来也是一样。一天当中有白天和黑夜交替的日数，离南极点越远就越多。而在南极圈——南纬66°33′的地方，一年之中有一个整天是全白天和一个整天是全黑夜。

➡️ 蜃景和幻日

在南极区域，天空还时常出现蜃景和幻日的奇观。沙漠以及海洋中的海市蜃楼是人们熟悉的，但在极地冰雪世界中，则是另一番风景。

"海市蜃楼"常见于气温较高的季节，尤其是夏季，常发生在沙漠和海洋上空。在极地冰雪世界中，同样也会出现虚无缥缈、宛如仙境的蜃景。它是一种物理现象，是实物发

拓展阅读

中国观赏海市蜃楼的胜地

资料显示，长岛是中国海市蜃楼出现最频繁的地域，特别是七八月间的雨后。长岛由32个岛屿组成，岛陆面积56平方千米，海域面积8700平方千米，海岸线长146千米，是山东省唯一的海岛县，隶属烟台市。

出的光线，经过密度不同的大气层发生折射之后形成的一种虚像，也是低空的冷空气和高空的暖湿空气相互作用的结果。

极地上空蜃景的形成过程是：由于南极冰川近表面的空气温度低，密度较大，而离冰川表面较高地方的空气温度较高，密度较小。这样，空气上下层密度差异显著，当来自实物的光线穿过密度较大的空气，遇到上层密度较小的空气时，不能照原来的路线和方向穿过，便发生折射，形成抛物线形状的弯曲，两层空气便起到透

幻　日

镜的作用而使光线聚焦，从而像望远镜一样将远处的景物"拉"近到人们的视线之内，于是在实物前方上空就会出现原物的虚像，形成"海市蜃楼"的奇景。

"海市蜃楼"只能在无风或风力微弱的天气条件下出现。因为大风一起，引起上下层空气的搅动，上下层空气密度的差异减小了，光线不能进行明显地折射，所见的"海市蜃楼"就会立即消逝。

极地的大气中充满了无数的冰晶体，它们像水晶一样，将阳光四处散射开来，形成环绕太阳的美丽光环，这种现象称为日晕。有时在日晕两侧的对称点上，冰晶体反射的阳光尤其明亮。甚至会出现并列的太阳，光华四射，耀人眼目，这就是奇妙的幻日了。

日出和日落

日出和日落与地球的公转和自转有关。地球绕太阳公转的轨道平面与地球赤道平面的夹角为23°27′。在北半球的冬至这一天，相当于南半球的夏至，太阳直射南纬23°27′。在南纬66°33′以南，直到南极点的区域内，太阳终日不落，这就是南极区域的白昼。冬至以后，太阳直射点逐渐向北移动，南极区域自北向南逐渐出现日出和日落现象。

日出，常为人们喜爱和赞颂。而在南极区域的日出则更别具一番情趣。

每年2月份的时候，凌晨4点多一点，在东方就会出现晨曦，并渐渐地有红光升起。5～6分钟过后，太阳边缘出现淡青色的光环。接着，太阳的1/4部分露出海平面，天空的红色逐渐变深，太阳的四周，镶有一圈黄光。又几分钟过后，太阳跃出海平面，黄光周围又增加了一圈血红色的光环，再向外，便是黑洞洞的天空。其后，随着朝阳的冉冉升起，其周围的黄色逐渐变白。天空也由暗变明，于是新的一天开始了。

日落，也一直是人们所喜爱的自然景观之一，而南极地区的日落更是使人迷恋，尤其是夕阳坠入海平面时先后出现的奇妙变化。

在南极区域，当夕阳接近地平线时，原来呈白色的火球逐渐变为淡黄色，紧靠太阳的四周是一个紫红色的圆环，紫环之外，天空和海面都是黑洞洞的。极目远望，夕阳就像黑夜冰海中的一盏航标灯。随着它的坠落，紫红色的圆环慢慢变小，直至夕阳只残留一半在海平面以上时，整个天空与海面则变得更暗，似乎黑夜马上就要降临。然而，随着夕阳继续下降，天空却奇迹般地、迅速地亮了起来。当夕阳坠入海平面约 3/4 时，一片血红色的天空展现在面前，海面上的漆黑色也逐渐向紫色过渡，尤其是在夕阳照射的扇形区域中，已与天空的血红色浑然一体。此时，仿佛黑夜即将过去。接着，海平面上仅仅残留一块淡黄色的扁平火团，发射出一束淡红色的光柱，天空迅速地由红色变为淡红色，海面上放射出一层淡红色的光泽，宛如黎明即将来临。

南极区域的日出、日落景象都是南极奇妙的自然景观。人们不仅向往其壮观的美景，更希望能探索其中的奥秘。

南极的生物

　　南极洲腹地几乎是一片不毛之地，植物难于生长，偶尔能见到一些苔藓、地衣等植物。但是，海洋里却充满了生机。海岸和岛屿附近有鸟类和海兽。鸟类以企鹅为多。海兽主要有海豹、海狮和海豚等。大陆周围的海洋，鲸鱼成群，是世界重要的捕鲸区。由于捕杀过甚，鲸的数量大为减少，海豹等海兽也几乎绝迹。南极周围的海洋中还盛产磷虾，估计年捕获量可达 10.5 亿吨，可满足人类对水产品的需求。

顽强的生命

南极洲与世界其他大陆隔离，是一个被冰雪覆盖的大陆，到处都是冰和雪，一片白茫茫的世界。在那里全年平均气温是 −57℃ ~ −55℃，最低温度达 −88.3℃，是世界上最冷的大陆。

在南极，全年平均风速是 1000 米/分，最大风速 5556 米/分，是世界上风暴最多、风力最强的大陆。

在南极，没有四季之分，昼夜不是按照 24 小时的周期循环，而是极昼、极夜交替出现，是世界上环境最特殊的大陆。

在南极，没有冰雪覆盖的地方也几乎没有泥土，全是大大小小的卵石和砂粒，一片荒芜，没有一根草一棵树，几乎是一个没有生命的大陆。

南极大陆这种特有的恶劣气候和环境，使人类无法在那里生存下去，是世界上唯一没有定居居民的大陆。同时，它也严重地限制了陆地植物的生长，故植物稀少，没有树木，没有花卉，也没有多少高等植物。可以说，能在南极大陆生存下去的植物和动物，都是生物界中具有顽强生命力的佼佼者。现已发现南极洲有 850 多种植物，多数为低等植物，仅有 3 种开花植物属于高等植物。低等植物中，有 350 多种地衣，370 多种苔藓，130 多种藻类。在岩石上，生长着红、绿、黄、青、紫、黑的苔

拓展阅读

地衣的食用价值

中国地衣资源相当丰富，人们食用和药用地衣的历史悠久。据不完全统计，可供食用的地衣有 15 种，如皮果衣、老龙皮、网肺衣、松石蕊、雀石蕊、石耳、树花、绿树发、长松萝等。其中，石耳是中国和日本特产的著名食用地衣，可炖、炒、烧汤、凉拌，营养丰富，味道鲜美。

苔藓类和地衣类，密密层层如地毯似的一片连着一片。光滑的卵石上苔藓竟长有3厘米多厚，有的达10厘米多厚，它们的整个身体几乎与卵石融合在一起，难分难解，表现出顽强的生命力。

南极洲的植物与北极形成鲜明的对照。尽管北极地区也寒风凛冽，气候多变，冬季气温也常在 -60℃以下，大部分地区属于

地　衣

永久冻土带，但毕竟没有南极洲那么酷寒，因此，北极地区的植物比南极洲的长得茂盛得多，种类也多。北极地区有100多种开花植物，2000多种地衣，500多种苔藓，还有南极洲没有的植物，如蕨类植物和裸子植物等。由此看来，南极洲是地球上植物最稀少的陆地。

◀▎抗高盐和寿命长的微生物

南极大陆的绿洲上有些湖泊是含盐量很高的湖，称为盐湖，如维多利亚地的东安湖的含盐量相当高，是海水的12倍。但是就在这个湖泊里，科学家发现了3种细菌，生活良好，经仔细观察发现，它们的细胞结构很特殊，能忍耐高盐。

此外，科学考察工作者在美国的麦克默多站附近的干绿洲进行钻探，取岩芯进行研究时，意外地发现了一种细菌。这种细菌是在138米的岩芯中发现的。经培养发现，这是一个新种，生活在地下古代的沉积岩中，它的寿命已有一万年。这一发现为了解南极大陆生命的起源提供了新的启示。

◆ 南极的重要植物——冰藻

冰藻在南极的固定冰区和浮冰区广泛存在，它是南极海洋初级生产力的重要承担者之一，甚至有时会成为初级生产力的主要因素。冰藻的生物量相当高，是海水浮游植物生物量的 10～20 倍，曾有人测得冰藻的最高数量为每升海冰含 3700 万个冰藻细胞。

冰藻依赖阳光进行光合作用，制造有机物，贮藏在细胞内，以此自养和供养其他生物。冰藻的营养十分丰富，据估计，100 克硅藻细胞有机物可以产生 2156 焦耳热量，比巧克力产生的热量还要高。冰下取样和潜水观察发现，海冰下经常有桡足类和端足类浮游动物的聚集，它们可能是摄食从冰藻层中掉下来的冰藻。此外，海冰下也常有鱼类和其他动物出没，可能是为了栖息和捕食那里的浮游生物。

海洋浮游植物是南极海洋食物链的最初一环，而冰藻又是这最初一环的"种子"。当南极的冬季来临时，冰藻进入海冰，像种子一样，贮存在海冰中，安然无恙地度过漫长而昏暗的寒冬。夏季海冰融化时，将其释放出来，播种到海水中去。冰藻一进入海水就像出笼的鸟一样，逍遥自在，分外活跃。它充分利用短暂夏季的明媚阳光和海水里的丰富营养，迅速生长、繁殖，使碧蓝的大海顿时变成绿棕色，从而招来了磷虾等摄食冰藻的浮游动物，同时，也招来许多捕食浮游动物的海鸟和海豹等大型动物。于是，一个庞大的浮冰区的食物链便由此产生。冰藻在南极海洋生态系中是冰区浮游动物的重要营养来源，是食物链中基础的一环。

冰藻对紫外线辐射有较强的自卫能力。近年来发现，南极上空出现臭氧亏缺现象，甚至出现臭氧洞。这对南极的生物极为不利，除严重影响地面生物外，对海洋生物也是一个威胁，因为紫外线可以穿透海水 10～30 米。已有研究结果表明，臭氧洞能使海洋浮游植物的生产力降低 3/4。强烈的紫外线还会影响生物细胞内的遗传物质，使染色体、脱氧核糖核酸和核糖核酸发生畸变，严重时会导致生物的遗传病和产生突变体。然而，冰藻却对紫外线有吸收和屏蔽作用。因为冰藻能吸收波长为270纳米和330纳米的紫外线，这一功能十分重要，不仅能够帮助冰藻自卫，使其自身免受伤害，而且能使强烈的紫外线不透入海水，从而保护了冰下海水中的海洋生物。

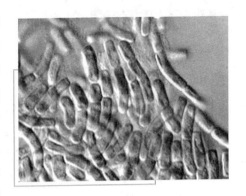

南极的藻类

知识小链接

紫外线

紫外线是电磁波谱中波长从10纳米到400纳米辐射的总称，不能引起人们的视觉注意。紫外线根据波长分为：近紫外线，远紫外线和超短紫外线。紫外线对人体皮肤的渗透程度是不同的。紫外线的波长愈短，对人类皮肤的危害越大。

◎ 冰藻的发现与种类

早期到南极探险的人们，曾在南极洲周围的海冰中观察到棕色的海冰层。这些有色层多半分布在海冰的底层，尤其是在船只弄碎的海冰上，更容易看到。据记载，当时人们把这些棕色层误认为是冻结在海冰上的棕色泥沙。后来，人们对此产生了怀疑，这些泥沙是哪里来的呢？在远离大陆的海洋上，显然不可能由风吹来这么多的泥沙。在几十米、几百米，甚至上千米深的海水上层的海冰，更不可能冻结来自海底的泥沙。那么，这些棕色海冰层究竟意味着什么呢？这个谜一直持续若干年，无人揭晓。

19世纪末，航海家才开始采集海冰棕色层的样本，经生物学家鉴定，

硅 藻

发现它们是海洋微型植物，不是泥沙。但这并没有引起人们的注意，直至1963年，澳大利亚海洋生物学家邦特和伍兹才揭开了这个谜，真正回答了这个多年来未解的问题。他们在美国的麦克默多站附近海域，发现海冰中有一层不易透光层，经打钻、取冰芯样分析，首次分离和鉴定出大量海洋浮游植物主要是硅藻，并把它称为冰藻。从此，南极海冰中的冰藻引起了人们的注意，许多国家的南极站都相继开展了冰藻的研究。

南极冰藻是一个庞大的生物区系，迄今为止，已从南极的海冰中分离出90多种冰藻，它们隶属于硅藻、金藻、甲藻和绿鞭毛藻4大类群，其中硅藻在种类组成和数量上都占绝对优势，是冰藻的优势种。

从种类组成上看，几乎所有海洋浮游植物，都可能有机会进入冰层，成为冰藻。从生态习性上看，冰藻可分为2个类型，一是附着性冰藻，二是浮游性冰藻。令人感兴趣的是，有些硅藻在海水中过的是浮游生活，属于浮游性冰藻，但进入冰层之后，在形态上和生活习性上都发生了某种程度的变化。如有的硅藻在海水中是以单个细胞的方式生活，而进入冰层之后，则由多个细胞黏结在一起，形成长链状的小群体，这样便于进行附着性生活。这是硅藻进入冰层后的适应性表现。

冰藻在海冰中的分布极不均匀，具有明显的成层现象，人们把生长冰藻的海冰层称为有色海冰层或冰藻层。这些冰藻层多为棕色，厚度为5～25厘米。冰藻层的颜色和厚度随季节和地点变化有所不同。迄今为止，人们在南极海域的海冰中已发现了3种类型的冰藻层。

第一种类型是冰藻层在海冰的上层，雪层的下层，厚度为5～10厘米。这种类型多出现于多年生的老海冰上，很少在当年形成的新海冰中发现。这类冰藻层距离冰下的海水较远，冰藻的增殖受到一定限制，寿命不太长，在海洋生态系中的意义不大。虽然发现较早，但没有进行深入地研究。

第二种类型是冰藻层在海冰的底层，在海水与海冰交接的界面上，厚度为 5～25 厘米。这一类型多发生在当年形成的新海冰中，有时也见于多年形成的老海冰中。该类型冰藻层的存在较为普遍，在海洋生态系中占有重要地位，因此，得到人们的广泛注意和研究。冰藻的生态学、生理学、生产力

拓展阅读

凤尾冰藻

凤尾冰藻是生长于南极洲冰原海域的一种天然可食用绿藻，仅产于南纬40°以南、年均水温4℃以下的无污染海域里。凤尾藻堪称"极品绿藻"。它富含天然海藻胶原蛋白、维生素、核酸、矿物质等人体不可或缺的营养物质，经常食用能够促进血液循环、新陈代谢、清理肠胃、改善肝脏机能、提高人体抵抗能力、延缓衰老。其中天然海藻胶原蛋白为美容佳品。

和冰藻层形成机制的研究主要以这一类型为对象。中国的科学工作者对这一类型做过较为深入地研究，取得了一些可喜的结果。

第三种类型是两层冰藻层，一层在海冰的底层，另一层在海冰的上层。这一类型可以看作第一和第二类型的综合，具有上述两种类型的特点。

◎ 冰藻的形成与生活

冰藻来源于海水，是海水中的浮游植物进入冰层的结果。海水中的浮游植物进入海冰是通过两个过程：物理学过程和生物学过程，有时是这两个过程综合作用的结果。

当南极的冬季来临时，海水开始结冰，海水中的浮游植物被冻结在海冰中。甚至深层海水中的浮游植物也会附着在刚形成的冰晶上，并随之上升到近表层，被冻结在海冰中。许多研究都曾报道，在海冰的形成过程中，除表

层海水迅速结冰，将海水中的浮游植物冻入海冰之外，研究人员还观察到冰晶在较深层海水中形成并上升的现象，同时也观察到在这些冰晶上附着有微型浮游植物。这些冰晶上升到一定程度便冻入冰层，因此附着于其上的微型浮游植物也就随之进入海冰了。这些都是浮游植物通过物理学过程进入海冰层的直接证据。

海水中的浮游植物通过生物学过程进入海冰层主要依赖于海洋浮游植物的趋光性。当海水结冰时，海冰下海水的透明度降低，特别是海冰表层有积雪覆盖时，海水透明度的降低更为显著。此时，较深层海水中的浮游植物便主动地向透明度较高的表层海水移动。当接近表层时，很容易通过物理过程被卷入海冰层。这样，浮游植物进入冰层的生物学过程又通过物理学过程完成。

海冰介于大气和海水之间，借助于毛细管的作用，使海冰上下沟通，上通大气，下通海水。这样，海冰便具有冰、水的双重性质，这是冰藻能在海冰中较长期生活的重要条件之一。

海冰的分析结果表明，冰藻生长发育所必需的环境条件，如光照、温度、盐度、营养盐和酸碱度等，海冰的冰藻层全都具备，而且海冰的稳定度比海水更优越。虽然，海冰中的某些生态条件如光照、营养盐和盐度等，有时会比海水低，但冰藻进入冰层之后，会产生一定的适应能力，适者存，不适者则亡，所以发生了变化。冰藻的种类与海水中的浮游植物种类不尽相同，就是这个道理。

知识小链接

酸碱度

酸碱度是指溶液的酸碱性强弱程度，一般用 pH 值来表示。pH 值，亦称氢离子浓度指数、酸碱值，是溶液中氢离子活度的一种标度，也就是通常意义上溶液酸碱程度的衡量标准。pH <7 为酸性，pH =7 为中性，pH >7 为碱性。

冰藻生长的海冰层是一个特殊的生态环境，它既不同于海水，也不同于一般的海冰，它是一个海水—冰雪—冰藻，或海水—海冰—冰藻共存的复合体系，三者的相互作用决定着冰藻的命运。

☛ 抗低温和高温的轮虫

轮虫是生活在南极淡水湖泊中的一类微型无脊椎动物，属甲壳纲枝角类。1910 年，默里首次在南极的罗斯岛发现了它。

轮虫的成虫在休眠期能忍耐长达数月的冰冻、解冻的季节交替，并能忍受 -40℃ 的低温。有一种轮虫在 -78℃ 的极度低温下仍能生活数小时。还有一种轮虫能在 100℃ 的高温下生活几小时，然后将其放在一般温度的淡水中仍能继续生活下去。

由于轮虫类生物具有适应广温的能力，从 -40℃ ~ 100℃ 都能生存，因此，它们在南极广泛分布，从极端寒冷的内陆湖泊到沿海的溪流，甚至在活火山附近的高温湖泊中，都有它们的踪迹。

☛ 耐黑暗的淡水藻

一般来说，阳光是绿色植物生存的必须条件，这是因为绿色植物需在阳光下进行光合作用，把二氧化碳和水化合成有机物，进行自养。如果长时间不见光，植物就会因饥饿而死亡。然而，在南极的湖泊中却发现了 2 种能在黑暗中生活的藻类，一种是湖藻，另一种是蓝藻的近亲种。

湖藻是首先在南极的维多利亚地的米埃雷斯湖中发现的，它能度过 4 个月之久的南极之夜。这种藻有一种特殊本领，在有阳光时，它能抓紧时机，充分利用阳光的能量，进行光合作用，制造有机物，边制造，边向外分泌。当极夜来临时，湖藻就停止进行光合作用，靠吸收它分泌到水中的有机物维持生命，进行异养生长。这种现象在高纬度的邦纳湖（南纬77°45′、东经16°20′~16°30′）和较低纬度的西格尼岛的湖泊中皆有发现。这种藻向体外分泌或释放有机物的量是相当高的，占总光合作用合成碳的20%~25%，它将这些有机物贮存在所生活的水环境中，待到黑暗时，重新利用，维持生长。

基本小知识

光合作用

光合作用是绿色植物和藻类利用叶绿素等光合色素和某些细菌利用其细胞本身，在可见光的照射下，将二氧化碳和水（细菌为硫化氢和水）转化为有机物，并释放出氧气（细菌释放氢气）的生化过程。对于生物界的几乎所有生物来说，这个过程是它们赖以生存的关键。而对地球上的碳氧循环来说，光合作用是必不可少的。

霍尔湖

蓝藻的近亲种或变种，是美国科学家于1978年在麦克默多站附近的佛里克赛尔湖和霍尔湖中发现的，它能忍耐8个月的极夜。这种藻生长在常年被冰雪覆盖的湖水底部，像地毯一样铺展在海底，有4~5厘米厚，呈橘红色。这种藻对弱光有很强的适应能力，只需水面千分之一的光强穿透到湖底，它就能够进行光合作用。这种藻的橘红色就是在昏暗环境中对弱光的一种适应能力。

➲ 能变色的蓝绿藻

南极大陆的邦纳湖底生长着繁茂的蓝绿藻，厚达几厘米，生长期达数年。当光线不足时，藻体呈现粉红色，这种色彩艳丽的粉红色是藻红朊——一种光合作用辅助色素，它吸收绿光的效率比叶绿素还高。当光线不足时，它可以增强藻类进行光合作用的能力。当光线十分强烈时，藻体又呈现橙色，这是由于叶红素沉积的结果。叶红素的大量出现起着保护叶绿素的作用，使其免受强光的抑制和伤害，藻体可以利用叶绿素进行光合作用。

拓展阅读

叶绿素的重要作用

叶绿素是一类与光合作用有关的最重要的色素。光合作用是通过合成一些有机化合物将光能转变为化学能的过程。叶绿素实际上存在于所有能进行光合作用的生物体，包括绿色植物、原核的蓝绿藻（蓝菌）和真核的藻类。叶绿素从光中吸收能量，然后能量被用来将二氧化碳转变为碳水化合物。

蓝绿藻能随着季节的变化和光线强弱的变化改变它们的颜色。当光线减弱时，它们呈绿色，叶绿素的含量高；当光线增强时，绿色变成红色，红色素（可能是类叶红素）的含量增高。所以，在南极大陆冰和多年生的海冰之上的冰雪层中，常常可以看到红色或绿色的冰雪藻，这是由于蓝绿藻生长的结果。科学家们对长有红色或绿色的冰雪藻的雪的温度进行测量时发现，有红色藻生长的雪，其温度为2℃～3℃，而在同一地

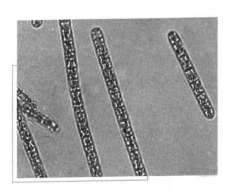

蓝藻

点，甚至同一堆雪中，有绿色藻生长的雪，其温度为1℃。这也就证明，红色素有利于吸收更多的热能，可提高雪的温度，或有助于雪的保暖作用，而绿色素缺乏这种作用。

冰雪藻借助于红绿颜色的变换，调节其周围冰雪环境的温度，从而为自己创造更适宜的生存条件，这也是一种适应性。

▶ 并非无菌世界

南极并不像人们所说是一个"无菌的世界"，它也是有菌的。中国南大洋考察队首次在南极取得各类菌种，充分证明了这一点。

南大洋考察队在进入南大洋考察后，取得了226份样本，这些样本在4℃～14℃的不同条件下，已培养出菌株，分离出大量菌落。这些菌落中有异样的细菌、酵母菌和丝状真菌（霉菌）。

南大洋考察队的科研人员，用无菌的采水器，分别在海水表层10米、25米、50米、100米及海底沉积物中取样后，拿到实验室过滤，然后繁殖培养出菌落。分析数据表明，25米以上的海水层中，平均1毫升海水中含10个异样菌；而50～400米的海水中，只有1～2个异样菌，为黄海、渤海的每毫升含量的1%，差两个数量级；海底的沉积物基本上无菌。乔治岛上的淡水含菌数量较多，这是企鹅、海豹等动物的排泄物造成的。土壤中的细菌很少。

知识小链接

乔治岛

乔治岛，南极洲南设得兰群岛中最大的岛，面积2000多平方千米。岛上常年积雪，气候严寒。岛上有优质煤田。阿根廷、巴西、智利、俄罗斯等国都在乔治岛上设有考察站。1984年12月29日，中国选定在乔治岛的怀尔德斯半岛（南纬62°13′，西经58°55′处）设长城站。

这也就说明，南极是一个有细菌的世界，在大气层中，在海水中，也有很少的致病菌。并且，南极的菌类，是南极海洋生态系中物质循环的必不可少的环节。

◢ 南极生物大厦的基石——磷虾

磷虾也叫南极虾。日本人管它叫"海酱虾"；挪威称它"克里尔"，因为它的眼睛特别黑，又叫"黑眼虾"。磷虾是一种很小的海虾，体长只有 5 ~ 6 厘米，体重只有 1 克左右，样子和我们常见的河虾没有多大差别。磷虾的头部和整个胸部被头胸甲包裹着，露在头胸甲下面的是指状足鳃，用来进行呼吸。磷虾的头部有两对触角鞭，非常威武漂亮。黑色圆球是它的眼睛，眼柄上有 1 对发光器，在第二和第七胸肢基部也各

磷　虾

有 1 对发光器。发光器呈球形，中央具有发光细胞，前面有一晶体，后面有半球形的反射器，外表有一色素层，一经外界刺激便闪闪发光。所以叫磷虾。每当夜晚，尤其在受惊后急速逃遁时，磷虾能散发出粉红色的磷光。

磷虾目有 11 属，近 90 种，其中许多种类数量极大，且分布范围较广。

南极磷虾有 8 种，其中数量最大的叫南极大磷虾，人们通常称它磷虾或南极磷虾。它的体长是磷虾中最大的，成年虾 45 ~ 60 毫米，最大可达 90 毫米。

磷虾大都成群结队浮游于海面，一般分布在深 20 ~ 40 米的水层中，也有的分布在深 60 ~ 80 米或近百米的水层中。虾群厚度一般为 20 ~ 30 米，有的可达 40 米；长度约几百米。有一次，科考队员考察时竟发现一个大虾群，长

达4000米，真是意外收获。由于密度大，磷虾浮游到上层海水，可使大片的海洋呈红褐色，因此，南大洋有"红色海洋"之称。

南极磷虾分布在南极辐合带，特别是南纬的60°以南近极海域，尤以威德尔海一带寒冷水域更为密集。这里有丰富的营养物质，受到阳光照射，微生物大量滋生，成为磷虾的充足稳定的食物。

磷虾绝大多数生活在50米以下的浅的水层，但是，磷虾卵的孵化却是在下沉过程中进行的。具体地说，磷虾产卵后，其卵就开始往下沉，边下沉边孵化。下沉的速度很快，每天下沉141~320米。三五天后可下沉到一二千米的深度，这时孵化也结束了。孵化后又边变态发育，边向上缓慢移动，当到达100米水层时，已成为能够直接主动摄食的幼虾了。下沉到上升的全部时间为3~4周。

对磷虾这一奇特的习性，科学家认为，这对磷虾种群的繁衍和保持在适合的生活区域分布有重大意义。因为磷虾（包括幼体）的天敌主要活动在表层，磷虾的受精卵如不迅速下沉，将成为许多动物的饵料。刚孵化出来的磷虾幼体身体最脆弱，在此期间到深层去避一避，对种群是有利的。不过，在深层呆久了也不行，那里暗无天日，缺少食物，刚孵化出来的磷虾幼体，尚有卵黄可以维持生命，所以必须赶紧上升。到了表层，已经发育到蚤状幼体，卵黄消失，消化道已形成，开始主动摄食，那就不会因缺乏食物而饿死了。

另一个重要的原因是，磷虾群体生活在表层水中，由于南极海洋中的表层水是不断向北扩展的，这就有可能将磷虾带出它的分布区。而深层的暖水是由北向南扩展的，磷虾的幼体有一段时间在深层度过，这有助于磷虾种群保持在适宜它生长的南大洋。

南极磷虾喜欢集体行动，不喜欢独来独往、自由散漫。在一个海区，无论有多少磷虾，都集合成一个大群体。而且队伍整齐，年龄一致，其他的浮游动物休想混进来，不是同一个年龄的磷虾也不得加入。它们在行动上保持高度一致，专家们认为这可能是同一批卵同时孵化所致。在集合成一个群体时，雌雄比例大致为1:1，但在交配后雌雄比就变成3:1。这可能是因为雄虾要比雌虾死亡早，或者交配后的雌雄虾生态习性不同所致。

磷虾应变能力差，这是长期的稳定的环境造成的。南大洋的水温终年是低温，盐度也无大变化，没有江河流入等其他因素干扰，因而磷虾变得娇嫩起来，环境略有变动就不能适应，这对它的生存是不利的。

磷虾

磷虾雌雄异体，成体雌虾略大于雄虾。在交配时，其情况同对虾相似。

南极磷虾产卵时间是每年南极夏季的 11 月到翌年的 4 月，但绝大部分磷虾集中在 1 月下旬到 3 月下旬这段时间内产卵。

磷虾的生殖能力很强，怀卵量为 2100～14086 颗。生殖力强是保存种族的需要，因为，在那种恶劣的海洋环境中，在那强大而众多的天敌面前，每天有大量磷虾会死亡或被吞食。如不提高生殖能力，磷虾恐怕早就灭种了。

别看磷虾这么小，在南极海区，它占据着非常重要的地位。因为"海上牧场"的"牧草"——硅藻尽管很丰富，但是鲸和海豹不能直接吃它。只有磷虾吃了硅藻养肥自己，才能为鲸、海豹等大型动物提供食物。虾群的后面，往往跟着贪

拓展思考

合理利用南极生物资源

第一，作为一种数量众多的经济型海洋生物，适当捕捞磷虾对其物种本身没有影响。第二，与人类共享磷虾资源的其他物种，比如大型鲸类，这些海洋鱼类的数量正逐年减少，因此适当捕捞磷虾也是控制其数量的好办法。第三，人类与自然之间应达到一种和谐平衡的关系。合理的利用和开发自然资源。这样既不浪费自然资源，又能造福于人类。

馋的须鲸，它们欢快地追逐着虾群，张开大嘴吞食。有人估计，一头蓝鲸每天至少要消耗一吨磷虾才能维持生命。因此，人们给南极磷虾送了一个外号："南极生物大厦的基石"。

磷虾具有重要的经济价值。磷虾体内含有丰富的蛋白质和维生素，营养价值远远高出牛肉和一般的鱼类。有的国家，把捕捞的磷虾做成油炸虾拿到市场上去出售，味道很鲜美，受到了消费者的欢迎。目前，世界上已有 20 多个国家正在研究如何利用磷虾作为人类食品的问题。此外，磷虾在工业和医疗卫生方面也有用途。它能治疗溃疡病和动脉硬化症，并可促进人体组织的再生功能。

卵胎生的海洋动物

在温带海洋动物里，大多数为卵生或胎生，然而，在南极只发现了 3 种卵胎生的海洋动物。

卵胎生是生物的一种特殊生殖现象。这种生殖现象的特点是：母体的卵不排出体外，而是在体内受精，体内孵化，幼体在体内发育。当幼体发育到一定阶段时，再排出体外。也就是说卵胎生是卵生和胎生两种生殖过程兼而有之的特殊生殖方式。

1987 年，中国科学家吴宝铃教授首先发现了南极海洋生物的卵胎生现象。在中国南极长城站附近海域，先后发现 3 种海洋生物——2 种石灰虫和 1 种端足类，都是卵胎生的生殖方式。

从生物进化的角度而言，卵生比胎生原始，局限性大，孵化和成活率低。这是因为卵在海水里随波逐流，四处漂荡，不仅极易受环境条件的影响而中途夭折，而且常被其他生物作为饵料吞食。虽然母体辛辛苦苦孕育和产出了很多卵，但发育成幼体或成体的却寥寥无几。为了延续后代，许多生物往往以增加产卵量来弥补这一损失，比如，一只对虾一次能排出几十万只卵。

　　南极石灰虫和端足类海洋生物的卵胎生现象，是适应南极恶劣环境的结果。采取这种生殖方式，避免了幼体在发育过程中被吞食和扼杀的不幸遭遇。幼体在母体体内发育到一定阶段再释放到体外，此时幼体活动的自由度增大了，抗逆外界环境的能力也增强了，可以明显地提高成活率。因此，这类生物能在严酷的环境中大量、迅速地繁殖。

◆ 南极的海豹

　　海豹属于鳍脚目哺乳动物，躯体呈流线型，皮毛短而光滑，抗风御寒力强。它既可以在水中生活，又可以登陆栖息，以海洋生物为食。它善于游泳，长于潜水。其游泳速度为每小时 20～30 千米，最高达 37 千米；潜水时间一般为 5～10 分钟，最长可达 70 分钟。潜水能力最强的是威德尔海豹，一般潜水深度为 180～360 米，最深达 600 米。海豹奶中的脂肪含量相当高，可达 40%～50%，是牛奶中脂肪含量的 10～15 倍，其他营养成分也比牛奶高，这是海豹幼仔生长健壮的原因之一。

　　海豹几乎分布于世界各海域，寒冷海域更为常见。全世界共有 34 种海豹，约 3500 万头。南极地区有 6 种海豹，约 3200 万头，占世界海豹总数的 90%。显然，南极地区是海豹的重要产地。

海　狮

　　栖息于南极辐合带以南的海豹有锯齿海豹、象海豹、豹型海豹、威德尔海豹、罗斯海豹等，个头最大的是象海豹，数量最多的是锯齿海豹。在这些海豹中，锯齿海豹、豹型海豹、威德尔海豹和罗斯海豹是南极地区特有的。南

极地区的海豹主要分布于南极大陆沿岸、浮冰区和某些岛屿周围海域。

海豹的毛、皮、肉和脂肪都具有很高的经济价值。17世纪开始，许多去南极的探险者曾捕食海豹并以其油作燃料，度过了艰难的时日。18世纪70年代，一些国家对海豹进行商业性开发，致使海豹的数量迅速下降。为了挽救海豹濒于绝灭的命运，1972年，12个南极条约国缔结了一个《南极海豹保护公约》，禁止捕杀海豹。近年来，海豹的数量又开始回升。

◎ 威德尔海豹

威德尔海豹分布在南极海域沿岸，是一种粗笨的兽类，它体长3米，体重300多千克，雌性略大于雄性。它背部呈黑色，其他部分呈淡灰色，体侧有白色斑点，其数量约75万只。每年夏末威德尔海豹开始换毛，换毛后体呈深灰色或黑色，腹部长有白色和银灰色的美丽斑纹。大概是好吃懒做的缘故吧，它的身体肥得像软体动物，它常常长久地懒懒地睡卧在冰块上，构成了一幅奇特的图景。

威德尔海豹的生活习性很特别。它经常出没于海冰区，并能在海冰下度过漫长黑暗的寒冬。它靠锋利的牙齿，啃冰钻洞，伸出头来，进行呼吸，或钻出冰洞，独自栖息，少见成群现象。开孔时，海豹用牙齿把冰块锯开，并用大尖牙不断把洞孔扩大，以保持洞孔的畅通。所以，老海豹的锯冰块的牙齿，即上下尖齿和前面的一对门齿，一般都带有磨损或断裂的明显痕迹。许多海豹由于尖牙损坏，不能在冰中打通呼吸孔而在冰层下窒息死去。雌性海豹多栖于冰面，雄性多在水中，二者在水中交配。威德尔海豹以鱼类、乌贼和磷虾为食。

冬天大气比海水冷得多，除了完全无风的日子，威德尔海豹很少到冰层上来，可见它的潜水能力很强。威德尔海豹经常在冰层下作长距离地潜游。据推测，海豹能利用冰层下的气体进行呼吸，但是它生存的主要因素还是保持呼吸孔的通畅。

威德尔海豹的怀孕期为10个月，每到春季雌兽成群地爬到冰层上来产仔。每胎产一仔，哺乳期历时有 1 个月，但在南极各地区的海豹产仔的情况并不相同。罗斯海的海豹生殖旺期是 10 月下旬，而在格雷厄姆地则整整提早 1 个月。

威德尔海豹初生的幼仔体重有 27 千克，其成长之快是惊人的。幼仔体重在 2 周内增加 1 倍，身上长着一层密密的绒毛；2 周后，全身开始换毛；到 6 周，长出一层硬毛被。仔兽 3 周就能下水，但出生后 7 周内，即母兽离开它以前，还要继续吸食母乳。

你知道吗

海豹油的食疗作用

①滋阴补阳，养肝益肾，补血益气，调节内分泌；②降低血液中低密度胆固醇及三酸甘油酯含量、软化血管、调节胰岛素分泌等功能，可有效预防和减少心脑血管栓塞的发生；③延缓人体衰老，保持肌肤弹性，改善关节筋骨功能。

威德尔海豹的幼兽在哺乳期结束前，自己就开始捕食甲壳纲动物，断乳后头几个月，继续捕食甲壳纲动物，逐渐转到以鱼和头足动物为食料。

幼兽第 1 年可长到 2 米，第 2 年可长到成年海豹的体长，第 3 年开始生殖。幼兽很少上岸，我们也很少知道它们的迁移规律。但是却发现一种情况：若干偶然迁到亚南极岛屿和澳大利亚、新西兰海岸的威德尔海豹，都是不满周岁的幼兽。

◎ 食蟹海豹

食蟹海豹又叫锯齿海豹，它和威德尔海豹一样，也是南极特有的兽类。

夏天，当南极大部分陆地周围的沿岸水域解冰时，食蟹海豹成群结队，大批地爬到岸上。在罗斯海岸附近和格雷厄姆地西部都可以看到食蟹海豹群。它们来去很有规律。入冬后，各种海豹照例离开沿岸水域，直到来年夏季才返回。

食蟹海豹体型比威德尔海豹小，但是非常灵活。其体长 2.5 米左右，体重 200 多千克，雌性躯体大于雄性。其体色从银灰色到深灰色，有时呈淡红色，背部的色泽比腹部深。锯齿海豹口腔中长有成排尖细的牙齿，上下交错排列，很像锯齿。它以磷虾为食，把它称为食蟹海豹是一种错觉，因为南极的蟹类极少，不足供其食用。

食蟹海豹在秋天换毛。新生的毛起初淡黄色，最后变成纯白色，长有不规则的浅灰斑点，两肋和背下部特别多。食蟹海豹的毛色在满布浅色斑点阶段，又被称为"南极白海豹"。

食蟹海豹除体态匀称外，与威德尔海豹还有一点不同：当它受到惊动时，其警惕性非常高，反应也非常快。它向人或其他动物袭击时，先张大嘴巴向前扑去，紧跟着就退到最近的洞穴，钻进去。由于它的嘴脸很长，外貌十分惹人注意。当它惊慌或被什么东西激怒时，嘴向上耸起，变得又宽又大，这时的样子与家猪十分相似。

在南极海豹中，食蟹海豹最富共居性，通常它们在冰上联合成群。在沿岸水域，它们聚集在不大浮动的冰块上，只是偶尔才登岸。食蟹海豹在雪上和冰上行动又迅速又灵巧，可能在进化过程中发展了特殊的爬行能力。爬行的时候，它们的行动很像四足兽。

3 月 1 日为国际海豹日

海豹的经济价值极高，皮质坚韧，人们可以用来制作衣服、鞋、帽等来抵御严寒。正因为如此，海豹遭到了严重的捕杀，种群数量在急剧下降。为了保护海豹，拯救海豹基金会在 1983 年确定每年的 3 月 1 日为国际海豹日。

食蟹海豹的食料几乎全是南极区域异常丰富的磷虾。在进食过程中，它的臼齿变成过滤器官，水就通过这些齿缝滤出，留下的磷虾就被吞食下去。

食蟹海豹的身上常常有明显的伤痕和瘢疤。这些伤痕的性质和位置表明，这种海豹很可能经常受逆戟鲸的袭击。

食蟹海豹是南极海豹中数量最多的一种，约 3000 万头，占南极海豹总数的 90% 以上；也是世界海豹中数量最多的一种，占世界海豹总数的 85%。

◎ 罗斯海豹

　　罗斯海豹体长约 2.7 米，雌性大于雄性，小脑袋，大眼睛，又叫大眼海豹。它们背部呈褐灰色或黑色，腹部较浅淡，两肋点缀着清晰的斜条纹。其数量有 25 万～50 万头，以深水乌贼为食。

乌　贼

　　和食蟹海豹一样，罗斯海豹也专门栖息在冰丛上，但与食蟹海豹不同的是罗斯海豹的生活方式。食蟹海豹喜欢群居，而罗斯海豹却总是喜欢单独行动。它们并不群居，而是一个个懒洋洋地躺在冰丛上，但受到其他动物的追击时却逃跑得很快。

　　罗斯海豹有一个奇怪的特点，就是它们的颈肥厚，有颈褶，头能够缩进去，几乎完全藏在颈褶中。它们的前鳍脚和后鳍脚都较宽，也就使它们在水中游动的速度远远超过其他种类的海豹。

◎ 食肉海豹

　　与其他种类海豹只分布在南极地区内相比，食肉海豹不仅分布在南极沿岸和亚南极区域的冰丛上，在温带地区也有它们的身影。出现这种差异主要与海豹的食料有关。

　　食肉海豹不仅捕食鱼类和头足纲动物，还常常袭击其他海豹，甚至袭击海鸟。它们主要以南极区域和亚南极区域的企鹅为食。

　　食肉海豹的食量非常大。当它们饥饿时，甚至袭击鲸类，所以食肉海豹是一种凶猛残忍的海兽。它们体格健壮，嘴里长有一大排发达的牙齿。除了大门齿外，还有一排尖利的臼齿。雄性幼龄食肉海豹体态匀称细长，头部较大，并且终生都保持这种形态。雌性海豹则不同，它们的前体越发育越宽阔。

食肉海豹在性成熟前发育较慢，雌性海豹在第 3 年达到性成熟，雄性海豹在第 4 年。

食肉海豹体色深灰，下部转浅，颈、脊和肋部布满特殊的白、黑斑。在未达到性成熟时海豹的毛色显得发白。

食肉海豹的繁殖期要持续 3 个月或更长，从 9 月到 12 月。

◎象海豹

象海豹又叫象形海豹和海象，是海豹中个头最大的一种。雄性一般体长 4~6 米，体重 2~3.5 吨；雌性小于雄性，体重为雄性的一半，所以很容易区分开这种海豹的雌雄。其数量约 70 万头。

象海豹的嘴唇上方长着一块别致而富有弹性的肌肉，形状很像大象的鼻子，所以才得名象海豹。象海豹的鼻子平时松软下垂，发怒或殴斗时，鼓得很高，伸得很长，有时长达 50 厘米。象海豹的皮毛呈灰黄色，有时呈灰白色，随年龄和季节的变化，体色略有差异。象海豹相貌丑陋，行动笨拙，以磷虾、乌贼为食，喜欢群居，在陆地上繁殖，每胎产 1 仔。

知识小链接

伪装大师——乌贼

乌贼遇到强敌时会以"喷墨"作为逃生的方法，伺机离开，因而有"乌贼""墨鱼"等名称。其皮肤中有色素小囊，会随"情绪"的变化而改变颜色和大小，因此又有"海洋中的伪装大师"之称。

每当八九月份繁殖季节来临，成群结队的象海豹跑上岸来，开始了占领地盘、寻找配偶的活动，此时的海滩成了象海豹的乐园。

象海豹的繁殖地往往是世袭的领地。为了占领地盘，雄性象海豹之间经

象海豹

常要进行一场残酷的争斗：胜者占地为王，拥有成群妻妾；败者扫兴而去，另寻出路。在海滩上，人们可以看到，一头雄性象海豹日夜守卫着数十头、甚至上百头雌性象海豹的情景，这都是它夺来的妻妾，它时刻警惕来犯之敌。一旦情敌相遇，便不顾一切，展开生死的搏斗。双方怒气冲天，吼声动地，张着大口，立身撕咬，直至战得遍体鳞伤，皮开肉绽，鲜血直流。

雄性象海豹性情凶猛，雌性象海豹则性情温柔，一旦一头雌性象海豹被雄性占有，便乖乖地跟随着"丈夫"，温顺地躺在它的身边。如果雌性象海豹有不规行为，被丈夫发现，就会受到严厉惩罚。象海豹夫妻之间也会发生殴斗，原因是雌性象海豹怀孕后拒绝再次交配。生殖季节一过，雄性象海豹就到海上捕食和逍遥了，抚养后代的责任，完全由雌性象海豹承担。

◎ 豹形海豹

豹形海豹体长 3～4 米，雌性体格大，体重也较重，有 300～500 千克，但雄性体重仅有 200 千克。

豹形海豹全身带有花斑，貌似金钱豹。它性情凶猛，运动灵活，游泳速度快，牙齿锋利，嗅觉灵敏，善于进攻猎物，经常出其不意地袭击企鹅群。

豹形海豹的食性比较广泛，它

豹形海豹

们不仅捕食磷虾、鱼和头足类动物，还吞食企鹅、飞鸟和小的锯齿海豹，令其他种类的海豹望而生畏，远而避之。因此，人们称之为"海中强盗"。

豹形海豹的数量仅22万头，在水中交配，在冰上繁殖，每胎产1仔。

南极的鲸

◎ 南极鲸的特点

鲸是海洋哺乳动物，胎生，幼仔哺乳，用肺呼吸。但它既不同于海豹等海洋哺乳动物，也不同于企鹅等用肺呼吸的海鸟，它终生在水中生活，而其他海洋哺乳动物和海鸟则一段时间在水里，一段时间在陆上生活。

鲸和其他海洋哺乳动物一样善于游泳，长于潜水。须鲸类的游泳速度一般为每小时30千米，受惊时每小时为40千米，鳁鲸的速度最快，每小时约55千米，比万吨巨轮还要快。抹香鲸游泳速度较慢，一般为每小时10千米，最快时为25千米。鲸潜水的时间和深度也很惊人，它可潜入200～300米的深海，历时2小时之久。与海豹相比，鲸的潜水深度比不上可潜入600米深的威德尔海豹，但鲸的深潜时间比海豹长得多。此外，鲸和海豹的脑袋都很小，不到体重的千分之一，这也是它们能够深潜的有利条件。

鲸的呼吸方式也十分特殊。鲸在水下生活期间，紧闭鼻孔，露出水面呼吸时，鼻孔张开，凭借肺部的压力和肌肉的收缩，

拓展思考

鲸为什么会"集体自杀"

自古以来，人类就注意到一种奇怪的现象，常有单独或成群的鲸鱼，冒险游到海边，然后在那里拼命地用尾巴拍打水面，同时发出绝望的叫声，最终在退潮时搁浅死亡。世界上第一个记录鲸鱼搁浅现象的，是希腊大哲学家亚里士多德。他直率地告诉人们："鲸究竟为什么会搁浅？我无法回答这一难题。"这一难题至今未得到圆满的解决。

喷出一股白花花的水柱，并伴随一阵汽笛般的叫声。所喷水柱的高度和形状是鉴别不同鲸种的标志。如蓝鲸的喷水柱垂直向上，强劲有力，上粗下细，顶部松散，如同礼花，射程高达 10 米以上。其他须鲸类喷水柱的高度一般为 8 ~ 10 米。抹香鲸的喷水柱向左前方偏转，喷射力弱，粗短而松散，高度仅 3 ~ 4 米。

南极的鲸主要以磷虾为食，也吞食一些桡足类等甲壳类浮游动物。滤食性须鲸，从亚热带和温带迁徙到南极，在南极水域饱食美餐，寻偶交配。在此期间，有些种群能积累全身脂肪量的 50%。须鲸在亚热带很少吃东西，在南极积累的脂肪用来提供它一年中其他时间所需的能量。齿鲸类的抹香鲸是以乌贼和鱼类为食。

鲸的胃口很大。蓝鲸口腔的容积达 5 立方米，张口时大量的磷虾和海水一起涌进，闭口时，把海水从唇须缝中挤出，滤出的磷虾一口吞下。

多数鲸类成群的习性不很显著，唯独抹香鲸有组织小家庭的习惯，其成员往往是雌鲸、幼仔和雄鲸各 1 头，但其周围也常有成年的雄鲸伴随，伺机而动，争夺妻妾。抹香鲸往往是一夫多妻。

鲸很多是在南极之外的地方繁殖，一般每年 1 次，每胎产 1 仔。怀孕期一般为 9 ~ 12 个月，蓝鲸为 12 个月，抹香鲸的怀孕期长达 16 个月。仔鲸的哺育期为 7 个月，每天的哺育量为 400 ~ 500 千克。雌鲸的乳汁营养丰富，因此，仔鲸生长快，且膘肥体壮。仔鲸在哺育期每小时可增加体重 4 千克，一昼夜可增长 80 ~ 100 千克。仔鲸在断奶后，生长速度大

你知道吗

海豚的大脑非常发达

海豚是体型较小的鲸类，从解剖学的角度来看，海豚的脑部非常发达，不但大而且重。海豚大脑半球上的脑沟纵横交错，形成复杂的皱褶，大脑皮质每单位体积的细胞和神经细胞的数目非常多，神经的分布也相当复杂。例如，大西洋瓶鼻海豚的体重 250 千克，而脑部重量约为 1500 克（这个值和成年男性的脑重 1400 克相近），脑重和体重的比值约为 0.6，这个值虽然远低于人类的 1.93，但却超过大猩猩或猴类等灵长类。

减。鲸的性成熟为 4~5 年,其寿命最长可达 100 年。

迁徙生活是鲸的共同习性。迁徙是鲸的一种本能,也是生存所迫,比如须鲸在其他海域进食很少,主要在南极海域进食,所以它必须返回南极海域。

南大洋的鲸多数是从亚热带和温带迁徙来的,在每年的 11 月左右到达南极海域,在那里逗留 100 来天,于翌年二三月踏上回程。须鲸在南极海域逗留的时间最长,通常为 120 天以上。有的缟臂鲸可在南极海域越冬,并在亚南极区繁殖。其他多数鲸种在南极地区或在迁徙的途中寻偶、交配,在温带和亚热带繁殖后代。在南极海域很难看到正在哺乳的仔鲸。

◎ 南极鲸的种类

栖息于南大洋的鲸分为 2 大类:须鲸类和齿鲸类,约有 12 种之多。较大型的须鲸有蓝鲸、鳍鲸、黑板须鲸、缟臂鲸、巨臂鲸、小鳁鲸和露脊鲸等;

蓝 鲸

较大的齿鲸有抹香鲸和逆戟鲸等。其中个头最大的是蓝鲸,数量最多的是鳍鲸。巨臂鲸和露脊鲸因为游泳慢,易于捕杀,所以现已几乎被捕尽杀绝,幸存者为数不多。

鲸在南大洋中的分布比较广泛,几乎南极辐合带以南都有它们的踪迹。它们的分布与磷虾群的分布有密切关系,蓝鲸主要分布在浮冰带,

生活在最南部的是巨臂鲸和黑板须鲸,缟臂鲸可以在南极洲海域越冬,露脊鲸主要分布在亚南极地区;齿鲸类分布在南极辐合带,随季节变化而迁徙。

蓝鲸又叫长簧鲸,体长 30 米,平均体重 150 吨,最大者 190 吨,是当今地球上最大、最重的动物。虽然这种动物体大无比,但性情并非像人们想象得那样性情凶猛,贪婪异常。它最爱吃的是一般体长只有 4~5 厘米的南极磷虾。蓝鲸的胃口很大,每天要吃几吨磷虾。

　　蓝鲸的躯体呈蓝灰色或黄褐色，这是由于它的皮肤上覆盖着一层黄褐色硅藻的缘故，其实，它的真正颜色是黑色。蓝鲸的躯体庞大而肥胖，是人们重点捕杀对象之一，因此，其数量不断下降。

　　鳍鲸体长 25 米，体重 50 吨左右，背部呈黑色，腹部呈白色，体侧为淡灰色。它的体态与蓝鲸相似，也是捕杀量较大的一种，致使其数量由原来的 40 万头下降到 8 万头。

　　巨臂鲸又叫驼背鲸，体长 15 米左右，体重 25 吨，背部呈黑色，其他部位为灰色，胸鳍很长，像一双巨臂，躯粗体短，驼背弯腰，故得此名。它现存的数量很少，已成为南极海域的稀有种类。

　　缟臂鲸身长 10 米左右，体重 7 吨，体态细长，是须鲸中最小的一种，数量约 20 万头。

　　露脊鲸身长 18 米，体重 20 吨左右，躯体细长，背部呈黑色，腹部灰白色，属亚南极种。

　　抹香鲸又叫真甲鲸，体长 18～25 米，体重 20～25 吨，最大者达 60 吨，是齿鲸类中个头最大的一种。它体色呈灰黄色，头部特别大，呈楔形，占体长的 1/3，身体粗短，行动缓慢笨拙，易于捕杀。

　　逆戟鲸又叫虎鲸，身长为 8～10 米，体重 15 吨左右，背呈黑色，腹为灰白色，背鳍弯曲长达 1 米，嘴巴细长，牙齿锋利，性情凶猛，善于进攻猎物，是企鹅、海豹的大敌。有时它还袭击同类须鲸或抹香鲸，是海上的霸王。

📣 南极鱼类

　　南大洋的鱼类总共有 100 多种，而世界其他大洋的鱼类多达 2000 余种，相比之下，南大洋的鱼类显得稀少，特别是近表层鱼类更为缺乏。

　　南大洋的鱼类中，优势种是南极鱼目的种族，占近海鱼类的 75%。具有潜在经济价值的有：南极腾鱼、鳐鱼、鳕鱼、无须鳕和冰鱼 5 大类群，近

20 种。

与其他大洋形成鲜明的对照的是，南极鱼类的共同生活习性是喜欢栖息于深水层中，几乎没有密集成群的表层鱼。

南极鱼类的个头都比较小，多数种类的体长不到 25 厘米，超过 50 厘米的很少，只有无须鳕科的齿鱼体长可达 1.8 米，体重 70 千克。多数鱼类生长速度缓慢，一般每年体长增加 2~3 厘米，仅大齿鳕鱼每年可增长 7 厘米左右，7 年可达 50 厘米。南极鱼类的产卵季节是在南半球的秋末冬初，卵大，一般直径 2~4 毫米，最大者 8 毫米，卵呈圆形，充满卵黄，营养丰富。卵在春季孵化出小鱼。此时，正值南大洋的浮游植物大量繁殖的季节，为幼鱼的生长提供了直接或间接的营养来源。多数鱼类以海洋浮游动物为食，有的也食用一些浮游植物。

多数南极鱼类的血液不是红色的，而是呈灰白色，这是由于没有血红蛋白之故。

鳐鱼

知识小链接

血红蛋白

血红蛋白是高等生物体内负责运载氧的一种蛋白质，是使血液呈红色的蛋白。血红蛋白由四条链组成，两条 α 链和两条 β 链，每一条链有一个包含一个铁原子的环状血红素。氧气结合在铁原子上，被血液运输。

南极鱼类是海洋变温动物，与温血动物截然不同。温血动物体温恒定，一般不会因外界环境温度的变化而改变；而南极鱼类的体温会随环境温度的变化而改变，与海水的温度保持一致，没有恒定的体温。南极鱼类体内的热量通过呼吸和体表迅速散失。当海水温度下降到冰点时，它的体液温度也接近冰点。然而，由于南极鱼类的血液中有抗冻蛋白，所以虽然其体温降低了，但体液并不冻结，因此，它可以在海水冰点以下的温度中正常生活。

南极鱼类平时喜欢摄食含脂肪量较高的食物，并在体内贮存大量脂肪，以此获得较多的能量，以维持其正常的运动、生长和繁殖，这是它适应环境的结果。此

你知道吗

鱼鳔的食用价值

鱼鳔中含有的生物小分子胶原蛋白质，是人体补充合成蛋白质的原料，且易于吸收和利用。胶原蛋白是以水溶液的形式贮存于人体组织中，从而改善组织营养状况和加速新陈代谢。现已证明，富含胶原蛋白质的食物可通过胶原蛋白的结合水，去影响某些特定组织生理机能，从而促进生长发育，增强抗病能力，起到延缓衰老和抵御癌症的效能。

外，南极鱼类体内的脂肪还有增加浮力的作用。因为南极游泳鱼类没有鱼鳔，为了维持在海水中的位置并能上浮，它必须克服由碳水化合物、蛋白质和比重比海水还要大的骨骼的负浮力，即下沉力。而脂肪化合物的比重小于海水，可以充当或代替鱼鳔的作用，弥补没有鳔的缺陷，从而使南极鱼类能自由地运动与上浮。

虽然，南极鱼类有适应低温的能力，但是，其适应温度的范围却是很小的，一般在 $-2℃ \sim 7℃$，它属于变温动物中的狭温性物种。这是由于它长期生活在南极的低温环境中，代谢途径发生了变化。某些鱼类，甚至遗传物质也发生变化。如果将南极鱼放在暖水中，其代谢能力不会有明显的提高，它在南极环境中和在暖水中的耗氧量几乎相同。如果温度再继续升高，它就无法忍耐。当海水温度上升到7℃以上时，南极鱼类的中枢神经系统的细胞膜会发生变化，其中的类脂化合物就会变成液体，从而导致细胞膜的破裂，使细胞内的离子浓度紊乱，甚至使细胞内的物质外流，最后引起死亡。而温带鱼类在如此狭窄的温度变化范围内，不会发生这样的变化。

 南极绅士——企鹅

在人们的心目中，企鹅与严寒是联系在一起的。这种看法只有一部分道理。全世界共有 18 种企鹅，都分布在南半球，北半球根本没有这种动物。尽管北极也十分寒冷，却并没有企鹅。另外，企鹅也并不只出现在严寒的地方，南美洲东海岸外的加拉帕戈斯群岛，就住着一种企鹅，这个地方已经接近赤道了。不过，南极的确是企鹅分布最集中也最多的地方。

你知道吗

企鹅为什么不怕冷

企鹅的羽毛可以分为内外两层，外层为细长的管状结构；内层为纤细的绒毛。它们都是良好的绝缘组织，对外能防止冷空气的侵入，对内能阻止热量的散失。企鹅体内厚厚的脂肪层有 3～4 厘米，脂肪层是企鹅活动、保持体温和抵抗寒冷的主要能源。企鹅是温血动物，但是有时会产生同体异温的现象，即身体的温度比脚的温度高。

企鹅的前胸是白色的，背部是黑色或深蓝色的。在陆上行走时，行动笨拙，脚掌着地，身体直立，依靠尾巴和翅膀维持平衡，步履蹒跚，就像一个大腹便便的西方绅士。

企鹅是海洋鸟类，虽然它有时也在陆地、冰原和海冰上栖息。在企鹅的一生中，生活在海里和陆上的时间约各占一半。企鹅虽然有翅膀，但是不能飞翔。它的翅膀早已退化，变成了类似鳍一样的东西，成为企鹅在水中游泳的双桨。除了产卵和孵化的时候，企鹅大部分时间都在海上生活。遇到紧急情况时，企鹅能迅速卧倒，在冰雪上匍匐前进；有时还可在冰雪的悬崖、斜坡上，以尾和翅掌握方向，迅速滑行。企鹅游泳的速度十分惊人，成体企鹅的游泳时速为 20～30 千米，比万吨巨轮的速度还要快，甚至可以超过速度最快的捕鲸船。企鹅跳水的本领可与世界跳水冠军相媲美，它能跳出水面两米多高，并能从冰山或冰上腾空而起，跃入水中，潜入水底。因此，企鹅称得上是游泳健将，跳水和潜水能手。

企鹅可以在海中得到充足的食物。它多以海洋浮游动物，主要是南极磷虾为食，有时也捕食一些端足类、乌贼和小鱼。

企鹅的胃口不错，每只企鹅每天平均能吃 0.75 千克食物，主要是南极磷虾。因此，企鹅作为捕食者在南大洋食物链中起着重要作用。企鹅每年在南极捕食的磷虾约 3317 万吨，占南极鸟类总消耗量的 90%，相当于鲸捕食磷虾的 1/2。

企鹅的栖息地因种类和分布区域的不同而异。帝企鹅喜欢在冰架和海冰上栖息；阿德利和金图企鹅既可以在海冰上，又可以在无冰区的露岩上生活；在亚南极的企鹅，大都喜欢在无冰区的岩石上栖息，并常用石块筑巢。

企鹅喜欢群栖，一群有几百只，几千只，上万只，最多时甚至达 10 万～20 万只。在南极大陆的冰架上，或在南大洋的冰山和浮冰上，成群结队的企鹅聚集的情况非常常见。

企鹅看来呆傻憨厚，其实，它是一种很聪明的动物。有人曾捉到十几只企鹅，把它们圈在雪下二三米深的围栏中饲养。后来发现它们竟然跑掉了许多。原来，这些外表笨拙的动物会搭"人梯"，相继地踏在肩膀上，攀越围栏逃跑。当人们看到它们企图逃跑的时候，它们立刻停止逃跑的活动，大模大样地踱着步子，装出一副若无其事的样子。

企鹅有眷恋家乡的本性。不管离栖息地和繁殖地有多么远，它们都要想办法返回家乡。对于企鹅是怎样辨认方向，找到回家道路的，科学家曾做过这样一个试验：把四只阿德利

拓展阅读

企鹅"检阅"挪威皇家卫队

一只名为尼尔斯的企鹅在爱丁堡动物园"检阅"了挪威皇家卫队。这只企鹅是尼尔斯企鹅家族的成员，一直承袭着挪威军队授予的军衔，如今又被授予"爵士"封号。这只"企鹅爵士"全称为尼尔斯·奥拉夫，它成为挪威历史上第一个"带翅膀"的爵士。这位黑白相间的爵士大摇大摆地检阅了皇家卫队，显得神气十足。

企鹅从海岸边的繁殖地点带到南极大陆内地，然后站在高高的铁架上，观察这些企鹅被放开以后怎样辨认方向。开始的时候，它们胡乱地走动，没有一定方向，不久，就都朝着北方一直走去。不论放在什么地方，都是这样。要知道，在南极大陆内地，到处是一片白茫茫的冰雪，根本找不到可以用来辨别方向的地面标志。而企鹅把太阳当成了定向的标志。科学家们发现，上午，太阳在东北方的天空，企鹅的前进方向在太阳的左方。到了下午，太阳转到西北方，企鹅的前进方向就在太阳的右方，不管怎样总是朝北的。科学家们还发现，一旦天气转阴，太阳被云层遮掩，企鹅就不能保持朝正北的方向前进了。

关于南极企鹅的起源，一些科学家认为它们来源于冈瓦纳大陆裂解时期的一种会飞的动物。还是在冈瓦纳大陆开始分裂、解体的时候，南极大陆分离出来，开始向南漂移。此时恰巧有一群会飞的动物在海洋的上空飞翔，它们发现了漂移的南极大陆这块乐土，于是就决定降落到这里。开始它们在那里过得十分美满，丰衣足食，尽情地追逐、狂欢。然而，好景不长，随着大陆的南下，越来越冷了，它们想飞也无处飞了，四周是茫茫的冰海雪原，走投无路，只好安分守己地呆在这块土地上。不久南极大陆到了极地，日久天长，终于盖上了厚厚的冰雪，原来繁茂的生物大批死亡，唯有这种会飞的动物活下来了。但是，它们本身却发生了变化，由会飞变得不会飞了，由原来宽阔蓬松的羽毛变成了细密针状羽毛，原来苗条细长的躯体也变得矮胖了。生理功能也发生了深刻的变化，抗低温的能力增强了。随着岁月的流逝，世纪的更替，它们终于变成了现代的企鹅，成为南极地区的土著居民。

这种说法并非无稽之谈，古生物学家在南极洲曾经发现过类似企鹅的化石。分析结果认为，当时的这种类企鹅的鸟类具有两栖类动物的某些特征，高1米左右，重9.3千克，也许这就是企鹅的前身。

◎ 南极企鹅的种类及分布

世界上约有20种企鹅，全部分布在南半球。以南极大陆为中心，北至非洲南端、南美洲和大洋洲，主要分布在南极大陆沿岸和某些岛屿上。

帝企鹅

南极企鹅有 7 种：帝企鹅、阿德利企鹅、金图企鹅（又名巴布亚企鹅）、帽带企鹅（又名南极企鹅）、王企鹅（又名国王企鹅）、喜石企鹅和浮华企鹅。这 7 种企鹅都在南极辐合带以南繁殖后代，其中前 4 种在南极大陆上繁殖，后 3 种在亚南极的岛屿上繁殖。

南极地区以外的企鹅有加岛环企鹅、洪氏环企鹅、麦氏环企鹅、斑嘴环企鹅、厚喙企鹅、竖冠企鹅、黄眼企鹅、白翅鳍脚企鹅和小鳍脚企鹅等 10 多种，属于温带和亚热带种类，其个体都比南极企鹅小，有的背部带有白色斑点。

南极企鹅的共同形态特征是，躯体呈流线型，背生黑色羽毛，腹生白色羽毛，翅膀退化，呈鳍形，羽毛为细管状结构，披针型排列，足瘦腿短，趾间有蹼，尾巴短小，躯体肥胖，大腹便便，行走蹒跚。不同种的企鹅具有明显的特征，很容易辨认，南极 7 种企鹅的主要特点如下。

帝企鹅，身高一般 1.22 米，体重约 41 千克，是南极洲最大的企鹅，也是世界企鹅之王。其形态特征是脖子底下有一片橙黄色羽毛，向下逐渐变淡，耳朵后部最深。全身色泽协调，庄重高雅。帝企鹅在南极严寒的冬季冰上繁殖后代，雌企鹅每次产 1 枚蛋，雄企鹅孵蛋。

阿德利企鹅身高 45～55 厘

你知道吗

帝企鹅的爱情与孵育

帝企鹅的求偶方式非常特殊，雄企鹅摇摇摆摆地步行并发出叫声，以此吸引雌企鹅的注意。孵育时，雌企鹅把蛋保护在双脚间，并藏在孵鳍下。帝企鹅的肌肉在 -30℃ 的酷寒中，仍能有规律地控制孵化温度。雄企鹅急着要孵蛋，但雌企鹅开始依依不舍，最后还是把蛋交给雄企鹅。从那时起，雄企鹅开始令人难以置信地孵育历程，而雌企鹅则远赴海洋觅食。

米，体重约 4.5 千克，眼圈为白色，头部呈蓝绿色，嘴为黑色，嘴角有细长羽毛，腿短，爪黑。阿德利企鹅的名称来源于南极大陆的阿德利地，此地是1840 年法国探险家迪·迪尔维尔以其妻子的名字命名的。阿德利企鹅是分布最广、数量最多的企鹅。其繁殖季节在夏季，雌企鹅每次产 2 枚蛋，雌企鹅孵蛋，孵蛋期为 2 个多月，通常只有一只小企鹅成活，小企鹅 2 个月后即可下水游泳。

金图企鹅身高 56 ~ 66 厘米，体重约 5.5 千克。近年来又发现了 2 个亚种，即北方种和南方种，其身高、体重和形态略有差异。金图企鹅嘴细长，嘴角呈红色，眼角处有一个红色的三角形，显得眉清目秀，潇洒风流。雌企鹅在南极的冬季产蛋，每次 2 枚，雌、雄企鹅轮流孵蛋，先雄后雌，每隔 1 ~ 3 天换班一次。孵蛋期较长，达七八个月，雏企鹅发育较慢，3 个月后才能下水。

帽带企鹅

帽带企鹅身高 43 ~ 53 厘米，体重约 4 千克，最明显的特征是脖子底下有一道黑色条纹，像海军军官的帽带，显得威武、刚毅。其生殖季节在冬季，雌企鹅每次产 2 枚蛋，孵蛋由雌、雄企鹅双方轮流承担，先雌后雄，雌企鹅先孵 10 天，以后每隔两三天，雄、雌企鹅轮流换班，雏企鹅2 个月后即可下水游泳。

王企鹅，身高 90 厘米左右，体重约 12 千克，其躯体的大小仅次于帝企鹅。它和帝企鹅是同属、异种，形态基本相似，主要差异是身材苗条，嘴巴细长，脖子下的红色羽毛较为鲜艳，向下和向后延伸的面积较大，是企鹅中色彩最鲜艳的一种。

喜石企鹅身高 44 ~ 49 厘米，体重约 2.5 千克，是南极企鹅中最小的一种。它喜欢栖息于石块或卵石密布的山坡、高地和海滩，衔石、啄石、玩石似乎是它的本能和习惯，用石头筑巢更是它的拿手好戏。喜石企鹅是冠企鹅中的一种。

　　浮华企鹅身高 45～55 厘米，体重约 4.6 千克，它的明显特征是眼睛上方的头部有两簇金黄色的羽毛，嘴粗而短，呈赭石色，眼球呈橘红色，是企鹅中最明亮的一种，看上去像古戏中的武将：身披黑色开襟风衣，内着白色战服，头戴金鸡翎，一副挎刀跃马的姿态。浮华企鹅也是冠企鹅的一种。

　　南极企鹅的种类并不多，但数量相当可观。据鸟类学家长期观察和估算，南极地区现有企鹅近 1.2 亿只，占世界企鹅总数的 87%，占南极海鸟总数的 90%。数量最多的是阿德利企鹅，约 5000 万只；其次是帽带企鹅，约 300 万只；数量最少的是帝企鹅，约 57 万只。

◎ 企鹅繁殖与生育

　　在南极的夏季，企鹅主要生活在海上，它们在水中捕食、游泳、嬉戏，一方面把身体锻炼得棒棒的，一方面吃饱喝足，养精蓄锐，迎接冬季繁殖季节的到来。

　　4 月份，南极开始进入初冬了，企鹅爬上岸来，开始寻找安家的宝地和配偶了。为了争夺一只雌企鹅，两只雄企鹅常常斗得遍体鳞伤。败者夹着尾巴，灰溜溜地扫兴而去；胜者则兴高采烈地迅速奔到雌企鹅身边，紧紧依偎在一起。而两只雌企鹅为了争夺一只雄企鹅，也会出现类似的情景。

　　企鹅经过上述一段爱情生活的波折后，情投意合的伴侣选择

广角镜

帝企鹅令人动容的哀悼场面

　　在南极洲的里瑟拉森冰架上，有成群的帝企鹅俯卧在冰原上，似乎在低头哀悼它们死去的幼仔们。这个异常罕见而又格外震撼人心的场面是由摄影师丹尼尔·考克斯捕捉到的。放眼望去，这些帝企鹅几乎趴在冰面上，看起来异常痛苦。有的企鹅则在遍地的横尸中茫然地徘徊，试图寻找自己的孩子。

好了，繁殖地也找到了，于是，它们的爱情生活便产生了一个飞跃——开始

交配、怀卵、产蛋、孵蛋和抚养雏企鹅的家庭生活了。

雌企鹅怀卵 2 个月左右，约在 5 月便开始产蛋。帝企鹅每次产 1 枚蛋，呈淡绿色，形状像鸭蛋，但比鸭蛋大得多。所有企鹅都是每年繁殖 1 次。

雌企鹅在怀卵期也产生妊娠反应，食欲大减，反应严重的长达 1 个月不进食。雌企鹅产蛋后便完成任务了，孵蛋的重任由雄企鹅承担。

在庞大的动物世界中，雌性生儿育女似乎是一种本能和天职，人们对这种天经地义的事情也早已习以为常了。然而，企鹅却打破了常规，创造了雄企鹅孵蛋的奇迹。

雌企鹅在产蛋以后，就会把蛋交给雄企鹅。从此，雌企鹅的生育任务就告一段落了。事隔一两日，雌企鹅放心地离开了温暖的家庭，跑到海里去觅食、游玩和消遣了。因为它在怀孕期间差不多 1 个来月没有进食了，精神和体力的消耗十分严重，也该到海里去休息一下，饱餐一顿，恢复体力了。

雄企鹅孵蛋，的确是一项艰巨的任务。为了避寒和挡风，几只雄企鹅常常并排而站，背朝来风面，形成一堵挡风的墙。孵蛋时，雄企鹅双足紧并，肃穆而立，以尾部作为支柱，分担双足所承受的身体重量，然后用嘴将蛋小心翼翼地拨弄到双足背上，并轻微活动身躯和双足，直到蛋在脚背停稳为止。最后，从自己腹部的下端耷拉下一块皱皮，把蛋盖住。从此，雄企鹅便弯着脖子，低着头，全神贯注地凝视着、保护着这个掌上明珠，竭尽全力、不吃不喝地站立 60 多天。一直到雏企鹅脱壳而出，它才能稍微松一口气，轻轻地活动一下身子。

雌企鹅自从离别丈夫之后，在近岸的海洋里休养，弥补怀卵期的损耗。等精神重新焕发一新之后，便匆匆跃上岸来，踏上返回故居之路，寻找久别的丈夫和初生的孩子。

幼雏刚刚孵出来的时侯，雌企鹅从海上赶了回来，这时候雄企鹅早就饿得不行了，赶紧把幼雏交给雌企鹅，自己到海里觅食去了。雌企鹅就把胃里的食物吐出来，一口一口地喂给小企鹅吃。

企鹅选择这样一种又冷又黑的严酷环境生卵孵化，从生物进化的角度来看，是它们长期与环境相适应的结果。

首先，在冬季孵化出来的幼雏，经过几个月的发育，到了第二年夏天，已经有了一定的独立生活能力，可以跟随双亲在明媚的阳光下到海中嬉戏觅食。其次，在严冬时节可以尽量避免各种猛

凶猛无情的雪暴

禽的侵扰。虽然环境艰苦，但是比较安全。在夏季繁殖的阿德利企鹅就常常受到贼鸥侵袭，它们的蛋也常常成了这些空中强盗的美餐。但是，由于一只雌阿德利企鹅在一个繁殖季节里要生下几个蛋，因而这种企鹅仍然能够避免灭绝的命运。

事实上，企鹅的孵化率很难达到100%，高者达80%，低者不到10%。其原因并非是雄企鹅不负责任，也不是由于它孵蛋的经验不足，主要是由于恶劣的南极气候和企鹅的天敌所致。

造成灾害的气候因素有两个，一是风暴，二是雪暴。企鹅孵蛋时若遇上每秒50～60米的强大风暴，就难以抵挡，即使筑起挡风的墙也无济于事。如果遇到雪暴，正在孵蛋的企鹅不是被卷走就是被雪埋，幸存者屈指可数。

企鹅的天敌也有两个，一是凶禽——贼鸥，二是猛兽——豹形海豹。虽然企鹅选择在南极的冬季进行繁殖，是为了避开天敌的侵袭，但是冬季偶尔也会有天敌出没，万一孵蛋的企鹅碰上这些凶禽、猛兽，也是凶多吉少。

◎ 小企鹅的成长

初生企鹅的幼儿阶段，是在雄企鹅的脚背上和身边度过的，雄企鹅既是父亲又是保育员。雄企鹅对初生的企鹅十分疼爱。当看到出生后的小企鹅饿得直叫的时候，雄企鹅又心疼，又着急，便伸几下脖子，想从自己的嗉囊里吐出一点营养物来，填充一下小企鹅的肚子。然而，却一点东西也吐不出来。

因为自孵蛋以来，雄企鹅差不多有两个多月没有进食了，自己的嗉囊早已空空如也，根本不能挤出什么东西。因此，雄企鹅只能焦急地等待着雌企鹅的到来。

不久，雌企鹅回到了它生儿育女的栖息地。它凭着雄企鹅的叫声准确无误地认出了它的丈夫，找到了它的孩子。此刻，雌企鹅给它的宝贝的第一件礼物就是一顿美餐。小企鹅见到了妈妈，本能地张开了嘴巴，雌企鹅把嘴伸进小企鹅的嘴里，从自己的嗉囊里吐出一口又一口的流汁食物，小企鹅也就享受了出生以来的第一顿饱餐。

精心养育下的小企鹅

从此，小企鹅就由雌、雄企鹅轮流抚养。雄企鹅把小企鹅交给妻子之后，也跑到海里去觅食，补充自己的体力去了。

由于雌、雄企鹅的精心抚养，小企鹅长得很快，不到 1 个月，就可以独立行走、游玩了。为了便于远处觅食和加强对后代的保护与教育，父母便把小企鹅委托给邻居照管。这样，由一只或几只成年企鹅照顾着一大群小企鹅的小家庭就形成了。在这里，成年企鹅像照顾自己的子女一样，精心地照顾所有的孩子。小企鹅也乖乖地、开心地成长，等它们的父母回来，才把它们接回去。

尽管小企鹅在家庭和集体的精心抚养和照料下不断长大，但是，由于南极恶劣环境的压力和天敌的侵害，小企鹅的存活率很低，仅占出生率的 20% ～30%。

小企鹅出生 3 个月左右，南极的夏季来临了，它们便跟随父母下海觅食、游泳。当南极的盛夏来临时，它们已长出丰满的羽毛，体力也充沛了，于是它们脱离父母，开始过自食其力的独立生活。

➡ 飞鸟的世界

南极地区的鸟类全部是海鸟，除不会飞的企鹅外，其他均为飞鸟。在南极繁殖的飞鸟有 30 余种，其中，只有雪海燕是本地居民。

南极地区海洋飞鸟的种类稀少，但数量却相当可观，约 6500 万只，如果加上企鹅，海鸟总数更是多得惊人，约 1.78 亿只。据世界著名海鸟学家估算，全世界的海鸟约 10 亿只，南极地区的海鸟约占世界海鸟总数的 18%。因此，南极地区堪称为飞鸟天地。

南极地区的飞鸟主要分布在南极大陆沿岸和南极辐合带南北的岛屿上，以磷虾等海洋生物为食，每年要消耗约 4000 万吨海洋生物。

飞鸟筑巢的地点有明显的选择性，一般选择在靠海边并能避风的裸露岩石处。因为海洋既能调节气温，又能提供丰富的食物，裸露的岩石可以避免被风雪埋没的危险。除贼鸥外，飞鸟发现一块筑巢的宝地后，并不是寸土必争，也不是占地为王，而是发扬风格，互

拓展思考

高尔基《海燕》节选

在苍茫的大海上，狂风卷集着乌云。在乌云和大海之间，海燕像黑色的闪电，在高傲地飞翔。一会儿翅膀碰着波浪，一会儿箭一般地直冲向乌云，它叫喊着，——就在这鸟儿勇敢的叫喊声里，乌云听出了欢乐。在这叫喊声里——充满着对暴风雨的渴望！在这叫喊声里，乌云听出了愤怒的力量、热情的火焰和胜利的信心。

相谦让，共同分享。巢的分布和相互间距合理，邻居之间和睦相处。一般说来，巨海燕把巢筑在开阔的平地上，个体较小的海燕类则在巨海燕的巢间空隙上，或在更低洼处筑巢。风暴海燕则把巢筑在长有苔藓和地衣的圆丘上，

还有一些海燕则利用山坡岩石的洞穴和裂缝，作为山庄别墅。

飞鸟巢窝的建筑十分简陋，只是平铺一层密密麻麻的小石头，有的稍微加以装饰，铺上几块干枯的地衣和苔藓，或几根羽毛。它们就是在这些简易的住宅里愉快地生活和生儿育女。

南极的夏季是飞鸟的繁殖季节，而繁殖的区域比较广泛，多数在南极半岛和亚南极南部的岛屿上，仅有 7 种在南极大陆上繁殖。多数飞鸟每年繁殖一次，每次产一两枚蛋。孵蛋期间雌鸟很少进食，有时也有雌、雄轮流孵蛋的现象，雏鸟的抚养由父母双方共同分担。雏鸟一般 2 个月左右就可以独立活动，有时由父母带领，下海游泳、觅食。

南极飞鸟的适应性很强，它们能顺利地适应南极的气候变化，海燕类靠厚厚的皮下脂肪和紧贴皮肤的厚绒毛保持体温。这些飞鸟表层的羽毛厚而严密，能防止热量的散失。在巢中栖息时，其羽毛表面的温度接近周围的气温，甚至降落在鸟身上的雪都不融化。而羽毛和雪结合在一起，构成了一层很厚的隔热层，更有助于保持体热不散失。在比较温暖的日子里，为了防止体温过高，它们往往直立着身体，张开嘴巴，大口喘气，竖起羽毛，伸开脚爪和翅膀，露出皮肤，以散发热量。下海游泳也是散热的有效途径。不过，在南极生活期间，有效地保持体温是关键的一环，需要散发热的情况虽有，但不多，因此，它们在此期间不脱羽毛，也不更换羽毛。

据统计，南极洲的飞鸟约有 33 种，其中，23 种属信天翁类和海燕类，其余为海鸥类等。

信天翁类有漫游信天翁、黑眉信天翁、灰头信天翁和浅烟灰信天翁。

海燕类有南部巨海燕、北部巨海燕、南极海燕、开普海燕、蓝海燕、大翅海燕、白头海燕、白颚海燕、威尔逊风暴海燕、灰海燕和南

巨海燕

极黑背海燕等 19 种。

其他有南极贼鸥、大贼鸥、大鞘嘴鸥、小鞘嘴鸥、南极南方鹱、南极管鼻鹱和南极绿鸬鹚等。

南极飞鸟中个体最大的是信天翁，体重 5~6 千克，它也是世界最大的飞鸟。其次是南部巨海燕。南部巨海燕和北部巨海燕，它们的体重约 4.5 千克，飞行时翅端间距可达 2.1 米。个体最小的飞鸟是威尔逊风暴海燕，体重仅 36 克，但飞翔速度极快，抗风能力很

> **趣味点击　信天翁求爱**
>
> 信天翁求爱时，嘴里不停地唱着"咕咕"的歌声，同时非常有绅士风度地向"心上人"不停地弯腰鞠躬。尤其喜欢把喙伸向空中，以便向它们的爱侣展示其优美的曲线。

强，能在强大的风暴中飞翔，因此而得名风暴海燕。

这些海洋飞鸟主要以磷虾为食，也食用乌贼和鱼类等海洋生物，在南大洋海洋生态系中起着重要作用。

◎ 飞鸟之王——漫游信天翁

漫游信天翁是南极地区最大的飞鸟，也是世界飞鸟之王。它们身披洁白色羽毛，尾端和翼尖带有黑色斑纹，躯体呈流线型，展翅飞翔时，翅端间距可达 3.4 米。

漫游信天翁号称飞翔冠军。它们对日行千里已习以为常，而且能连飞数日，毫不倦怠，即使绕极飞行，也锐气不减。漫游信天翁还是空中滑翔的能手呢，它们可以连续几小时不扇动翅膀，仅凭借气流的作用，一个劲地滑翔，显得十分自在。

漫游信天翁之所以拥有飞翔冠军和滑翔能手的称号，这与它们的身体结构有很大关系。它们有一片特殊的肌腱能将伸展的翅膀固定位置，另外就是它们的翅膀长度惊人，较之鹱形目其他科的鸟类，漫游信天翁的前臂骨

骼与指骨相比显得特别长，翼上附有 25～34 枚次级飞羽，相比之下，海燕仅有 10～12 枚。于是，漫游信天翁的翅膀如同是极为高效的机翼，较高的展弦比（翼长与前后宽之比）使它们能够迅速向前滑翔，而下沉的几率很低。这就极大地减少了滑翔时肌肉的耗能。这种对快速、长距离飞行的适应性使信天翁得以从它们在海岛上的繁殖基地起飞，翱翔于茫茫的汪洋大海上空。

漫游信天翁

漫游信天翁是出了名的食腐动物，它们非常喜欢吃从船上扔下的废弃物。它们的食物范围很广，但鱼、乌贼、甲壳类等构成了信天翁最主要的食物来源。它们主要在海面上猎捕这些食物，但偶尔也会像鲣鸟一样钻入水中，其入水深度可达 6 米，最深的可达 12 米。

漫游信天翁被航海家誉为吉祥之鸟和导航之鸟。船只航行在咆哮的南大洋上时，通常可以看到信天翁不辞劳苦，飞奔而至，盘旋翱翔，给船只领航。虽然南极地区的其他海鸟如管鼻鹱和蓝眼鹚等，也被称为导航之鸟，但它们与信天翁完全不同。它们仅在南极大陆近岸几千米处活动，并习惯于尾随和追逐船只，其目的是捕食船只击伤的鱼虾等海洋生物和吞食船员丢弃的残羹剩饭。当海雾迷漫、航向难辨时，看到这些海鸟，就能判断，离岸不远了。而漫游信天翁是在远离海岸的大洋上，起导航作用。

◎ 南极海燕

南极海燕体长可达 43 厘米。它的上身部分是巧克力棕色，翅膀上则有白色长条。它喜欢筑巢在海边陡峭的岩壁，但也有栖息在内陆地区，并喜欢大量聚集在一起。

　　南极海燕类属于管鼻鸟，它们有一个共同特征，就是嘴角上有一个鼻孔状的管子，与胃相通，平时有鼻涕似的糊状物封闭，应急时作为防御的武器。南极海燕的这种习性特别明显，当人们靠近它时，它张张大口，伸伸脖子，像是表示欢迎，其实，那是在准备"武器"，并发出警告：神圣领地，不可侵犯。当人们触动它或其子女时，它便怒气冲天，趁人不备，突然发动进攻，像水枪一样将胃中的液体喷射出来，足足能喷半米远。这种液体呈油性，略带橙黄色，腥臭难闻，溅到衣服上，一时难以清除。

　　南极海燕大致在每年 11 月会产下一个蛋，次年的 3 月幼雏便可成熟独立。南极海燕主要在较浅海水区捕食，其栖息地区在南极大陆海岸，而通常不越过南纬60°以北。

◎空中强盗——贼鸥

　　在南极海鸥中，有一种褐色海鸥叫贼鸥，它被人类称为空中强盗。从长相上来看，贼鸥并不十分难看，褐色洁净的羽毛，黑得发亮的粗嘴喙，目光炯炯有神的圆眼睛，但其惯于偷盗抢劫，给人一种讨厌之感。

南极贼鸥

　　在南极鸟类中，贼鸥可以说是一霸。它一身棕黑，嘴啄如鹰爪般的锐利，经常抢吃海鸥嘴中之食。如果抢不到，便扑打着翅膀，向海鸥一次又一次地攻击，将海鸥吓得直叫，直到海鸥吐出食物为止。贼鸥还是企鹅的大敌。在企鹅的繁殖季节，贼鸥经常出其不意地袭击企鹅的栖息地，叼食企鹅的蛋和雏企鹅，给企鹅的繁殖养育带来威胁。

　　贼鸥还是一种好吃懒做，喜欢不劳而获的鸟类。它从来不自己垒窝筑巢，而是采取霸道手段，抢占他鸟的巢窝，驱散他鸟的家庭。有时，甚至穷凶极恶地从其他鸟、兽的口中抢夺食物。一旦吃饱了肚子，它就会蹲伏不动，消磨时光。

"贼鸥"轰炸机

"贼鸥"是英国布莱克本公司设计的一种舰载俯冲轰炸机。于1937年2月9日首飞，1938年8月开始进入英国皇家海军服役。外形古怪的"贼鸥"在设计时采用了很多全新的设计，它是英国皇家海军中第一种装备全金属机翼、可折叠机翼、装备可回收着舰装置和可变距螺旋桨的战斗机。但是实际使用中发现它并不适合作为战斗机。随后它被改成俯冲轰炸机。

贼鸥由于懒惰成性，所以对食物的选择它并不十分严格，不管好坏，只要能填饱肚子就可以了。除鱼、虾等海洋生物外，鸟蛋、幼鸟、海豹的尸体和鸟兽的粪便等都是它的美餐。考察队员丢弃的剩余饭菜和垃圾也可以成为它的美味佳肴。在饥饿之时，它甚至会钻进考察站的食品库，吃饱喝足之后还要再捞上一把带走。

不仅如此，贼鸥还给科学考察者带来很大的麻烦。在野外考察时，如果不加提防，随身所带的野餐食品，就会被贼鸥叼走。碰到这种情况，人们只能望空而叹。当人们不知不觉地走近它的巢地时，它便不顾一切地袭来，在头顶上乱飞，甚至向人们俯冲，又是抓，又是啄，有时还向人们头上拉屎，严禁别人接近它的巢穴一步。

贼鸥的飞行能力较强。这也许和它长期行盗有关。据有关资料显示，南极的贼鸥能飞到北极，并在那里生活。

在南极的冬季，有少数贼鸥在亚南极南部的岛屿上越冬。但是那里到处是冰雪，不仅在夏季几个月里裸露的那些小片土地被雪覆盖，而且大片的海洋也被冻结。这时，贼鸥的生活更加困难，没有巢居住，没有食物吃，也不远飞，就懒洋洋地呆在考察站附近，靠吃站上的垃圾过活，人们称之为"义务清洁工"。

早期南极探险

　　南极洲酷寒、风大并且干燥，环境极为恶劣，令人望而却步，长期以来都笼罩着神秘的面纱。然而自古至今，仍然有许多探险家、科学家，诸如找到南磁极的澳大利亚人莫森，第一个到达南极极点的罗尔德·阿蒙森，晚于阿蒙森一个月到达南极极点并死于返回途中的罗伯特·斯科特，等等，他们不畏艰难险阻，冒着生命危险，或怀着征服的欲望，或抱着科研考察的目的，或怀着好奇心，络绎不绝地向南极发起挑战。正是在这些人的不断努力下，通过他们的所见所闻，所记所拍，南极的面纱才逐渐被揭开，使人类得以目睹南极的真容，当然两极还有许多未解之谜和尚未涉足的处女地有待我们的进一步探索与考察。

"未知大陆"假想

据传说，最早到达南极的是公元前 3000 年以前的埃及人，他们曾沿非洲东海岸南下，一直到达南极。但是当时的人类并不确定，在地球的最南端存在着一个严寒的冰漠。

到了公元前 2 世纪，古希腊各学派的地理学家都认为，南半球存在一块大陆，这块大陆或大或小。例如米拉，他认为南方有一块四周环海的大陆。他曾在《地球结构》一书中写道："两个海洋：西海和东海，在北部由不列颠海和西徐亚海连接在一起，在南部，则由埃塞俄比亚海、红海和印度海连接在一起。这些海把人们已知的大陆：欧洲、亚洲和非洲，与臆测的无人居住的南方大陆相分离，这块南方大陆的四周同样被海洋包围着。"另一些人，例如托勒密，他猜想有一块被印度洋包围的辽阔陆地。后来，人们才把这块南方大陆定名为"未知大陆"。

知识小链接

古希腊

古希腊是西方历史的开源，持续了约 650 年（公元前 800—前 146 年）。它位于欧洲南部，地中海的东北部，包括今巴尔干半岛南部、小亚细亚半岛西岸和爱琴海中的许多小岛。公元前 5、6 世纪，特别是希波战争以后，古希腊的经济生活高度繁荣，产生了光辉灿烂的希腊文化，对后世有深远的影响。

与此同时，一些学者和哲学家也同意南方"未知大陆"存在的假想。他们认为，既然在北半球存在着广大的陆地群，使人们有条件划分 3 个地球地带，那么，为了"保持平衡"，在南半球也一定存在着这样的大陆。用厄拉托斯忒尼的话来说，"按照自然规律，居住人的地球在日落和日出之间应有一个很大的跨度。"因此，他们给"未知大陆"画出了一个特定模式："未知大陆"应在比经度方向更远的纬度方向。

公元 493 年，埃及女王听信了南极地区盛产芍药、白银和黄金的传说，她为了获得这些珍宝便派人乘船南下去索取。结果，在不知道什么地方的非南极区载回了满船的香料。可连个南极的影子也未见到。

◆ 南极探险先驱的活动

南方"未知大陆"存在的假想，对好奇心极强的人类来说，具有强大的吸引力，在人类地理发现史上，它也起过巨大的作用。

15 世纪后半期，人类在帆船制造业和航海技术上取得了巨大成就，人们进行海上远航也逐渐变为现实。因此，尽管南方"未知大陆"的假想早在公元前 2 世纪就产生了，但直到这时人们才有可能去探索。

16 世纪和 17 世纪初期的西班牙人，17 世纪中叶的荷兰人，18 世纪的英国人和法国人，19 世纪的俄国人、英国人和美国人，在寻找这块大陆的过程中，进行了一系列绝妙的发现。南方大陆的北部亚热带地区被认为是：新几内亚、所罗门群岛、新赫布里底群岛、新荷兰和新西兰。南方大陆的范围逐渐被缩小，它从赤道转移到南部亚热带，又从亚热带转移到温带地区。库克把南方大陆指向更远的地区，直到南极圈以内。

1520 年 11 月麦哲伦探险队发现篝火通明的火地岛和 1544 年 7 月雷切斯发现黑人居住的新几内亚之后，西班牙人从秘鲁出发，到太平洋南部探索"未知大陆"。

1567 年 1 月，明达尼亚率探险队从秘鲁去太平洋进行探险。次年的 2 月 7 日，他们发现了一片有黑人居住的陆地，便认为是在"未知大陆"上发现了奥菲尔之地。

1577 年，被人们称为铁腕海盗的英国人弗朗西斯·德雷克开始了他一生冒险事业中最重要的一次行动。这次行动使他成为英国第一个环球航海家。德雷克带领 30~100 吨的 3 艘帆船沿南美沿岸南下，于 1578 年 9 月 6 日穿过麦哲伦海峡，之后驶入太平洋后急速向北航行。不料，他们正好赶上了一场持续到 10 月底的强烈风暴。德雷克的那艘 100 吨的孤独小船"佩利肯"号被向南推移了 5°左右。也正是因为这一偶然事件，德雷克才证实了火地岛不是"未知大陆"的一个海角，而是一个海岛。19 世纪，探险家们发现南极大陆后，人们把位于火地岛与南极大陆之间的海峡称为德雷克海峡。

1605 年 11 月，荷兰东印度公司派遣威廉·扬孙乘航船"捷菲根"号朝"未知大陆"方向挺进。这个人的名字在南极发现史册上是以"扬茨"出现的。扬茨沿澳大利亚海岸线一直航行到南纬 14°，1606 年 6 月抵达一个海角。扬茨认为，新几内亚是"未知大陆"北部的一个半岛，而南部则可能一直伸延到南极地带。当然，当时他不知道西班牙人托雷斯以自己航行实践业已证明了新几内亚仅是一个海岛而已。扬茨航行后的十几年里，荷兰的许多资本家在前往巴达维亚或离开这座城市的航途中，接连不断地发现了新荷兰（澳大利亚）的北部、西部和南部大部分沿岸地带。

知识小链接

荷兰东印度公司

荷兰东印度公司成立于 1602 年，1799 年解散。这是一个具有国家职能、向东方进行殖民掠夺和垄断东方贸易的商业公司。在荷兰东印度公司成立将近两百年间，总共向海外派出 1772 艘船，约有 100 万人次的欧洲人搭乘 4789 航次的船前往亚洲地区。

1605 年 12 月，基洛斯指挥 3 艘帆船从秘鲁出发，沿南纬 20°线航行，发现了土阿莫土群岛和"千真万确的未知大陆"。他杜撰了一系列报告，花言巧语地吹嘘新发现的"未知大陆"，但实际上，他发现的是新赫布里底群岛。

1688 年年初，英国海盗威廉·丹皮尔驾船航抵南纬 16°31′的澳大利亚西北部，登上海岸并深入到腹地考察，但他无法确认新发现的是否就是"未知大陆"。后来，他航行到印度尼西亚，于 1691 年回到伦敦，从而完成了一次伟大的环球航行。1697 年出版了他编写的《新的环球航行记》，使这位海盗一跃成了异乎寻常和受人尊敬的作家。

1721 年，荷兰西印度公司也派出了一支强大的探险队，去寻找南方"未知大陆"，罗赫文担任 3 艘船的指挥官。1722 年初，罗赫文绕过合恩角朝西北方向航进，在 4 月基督教复活节的第一天，他在离智利海岸约 1500 海里的洋面上发现一个多山孤岛，所以他把这个岛命名为复活节岛。

▶ 库克船长的南极探险

◎ 这是"未知大陆"吗

1768 年，英国皇家科学院决定到南太平洋塔希提岛进行金星运行情况的观测，并且要求海军部派船执行这次任务。实际上，观测金星运行，只不过是一种借口而已，其真正的目的和具体目标是要发现南方大陆，然后把这块新大陆归并于不列颠帝国。皇家科学院没有资金，无力派出探险队，而资金雄厚的海军部，从未把探险队的任务仅仅局限于纯粹天文观测的狭窄范围里。

此时的英国已经控制了大西洋的主要航道，并在印度洋占有牢固的阵地，然而英国人的对手法国人并不认为自己已在海洋上最后失败，太平洋还是个空白，其南部水域可能存在一片辽阔的陆地——南方"未知大陆"。1766 年，法国人布干维尔率探险队进入太平洋，使英国政府大为震惊。因此，英国海军部的首要任务是阻止其他海上强国占领那块新陆地，并在太平洋的主要航道上设置英国据点或基地，以便确立不列颠帝国在太平洋上的控制权。

英国海军部非常清楚，为了发现南部海洋上的陆地，并正式占领，新派出的探险队领导人必须是一位富有经验的海军航海家。于是，库克这位出身贫贱，40 岁才晋升到中尉军衔的人脱颖而出，担当了这次远航的指挥官。

库克亲自选中了一艘三桅帆船"持久"号，该船重 370 吨，有船员 84 名，配备有 22 门大炮，同时载着几名学者。经过 8 个月的航行，他们到达了塔希提岛。从 1769 年 6 月 3 日起，他们对金星进行了一个月的观察，天文考察结束后，库克按照指令开始在塔希提岛以南的南纬 35°~40° 的海面上探寻南方大陆。

此时，南太平洋已经进入秋天，气候变得非常恶劣，"持久"号经常处在大风浪之中。到达南纬 40° 后，眼前仍是茫茫大海，没有看见任何陆地影子。10 月 7 日，库克决定转舵向西航行。

以法国探险家塔斯曼命名的塔斯曼冰川

次日，在南纬 39°31′、东经 177° 附近，他们驶进一块地图上未曾标出的陆地。实际上，早在 1642 年，法国探险家塔斯曼就发现了这块陆地（新西兰），但他当时未弄清这个岛的真实情况，误认为是南方"未知大陆"的北部海角。库克和他的军官与同行学者，经过长时间的激烈争论后，勉勉强强地取得了一致意见，认为他们所发现的这块陆地，就是南方"未知大陆"。

你知道吗

金星东为启明西为长庚

金星是太阳系中八大行星之一，按离太阳由近及远的次序是第二颗。它是离地球最近的行星。中国古代称之为长庚、启明、太白或太白金星。公转周期是 224.71 地球日。夜空中亮度仅次于月球，排第二，金星要在日出稍前或者日落稍后才能达到亮度最大。它有时黎明前出现在东方天空，被称为"启明"；有时黄昏后出现在西方天空，被称为"长庚"。

1769 年 11 月 15 日，库克庄严地宣布，这块陆地属于不列颠的领地。从 11 月 18 日至 1770 年 3 月 27 日，库克的航船先后抵达"未知大陆"的北端、南端，最终完成了两岛的环航，从而证实了新西兰地区并不是南方"未知大陆"的一个突出角。

弄清新西兰的真面目后，在强烈的探险欲望支配下，库克决定在修船之前到新荷兰（现在的澳大利亚）进行考察。

1770 年 4 月 21 日，"持久"号到达塔斯马尼亚的东南角，然后转向北航行。为了避风，库克把船锚泊在巴塔尼湾，并准备登岸寻找补给品。但由于当地居民对白人怀有戒心，用棍棒和刀箭来迎接他们，库克只好沿新荷兰东北海岸航行。

6 月 22 日，库克穿过布满无数珊瑚礁（澳大利亚东岸附近的大堡礁）的危险航区时，不幸触上一个暗礁，虽然避免了一场船毁人亡灾难的发生，但不得不停泊了几个星期来修复被破坏的船。

8 月 4 日，"持久"号再次长途航行，路经约克角时，库克在这个海岛上升起了英国国旗，正式宣布自南纬 10°~38°所发现的地区为英国领地，并称之为新南威尔士。

1771 年 7 月 12 日，库克回到英国，终于完成了持续近 3 年的第一次环球航行。

◎ 功亏一篑的南极之行

库克的首次环球航行证实，新西兰并不是南方"未知大陆"的组成部分。为了寻找"未知大陆"和完成其他一些任务，贪婪的英国政府又派出了第二个探险队，库克为总指挥。海军部给库克装备和提供了两艘独桅船，一艘名为"决心"号，由库克亲自指挥，另一艘为"冒险"号，由托拜厄斯·弗尔诺指挥。

1772 年 7 月 13 日，"决心"号和"冒险"号正式起航奔赴南大洋。12 月 10 日，库克在南纬 50°40′附近的海面上，首次看到了漂浮的冰块。此后，他又遇到一大片浮冰。这时，库克不得不绕道而行，以便尽快深入到极地附近。然而，不幸的是，天空突然出现风雪天气，同时浓雾弥漫，航船只能在冰山之间迂回航行。

拓展阅读

库克群岛

库克群岛在南太平洋上，是由15个岛屿组成的岛群，其命名起源于远征探索南太平洋、发现了许多岛屿的库克船长，是新西兰的自由结合区。虽然土地面积狭小，但是由库克群岛周围所构成的经济海域范围，却多达两百万平方千米，因此渔业资源对该群岛的经济占有非常高比例的重要性。

12月13日，"决心"号到达1739年法国人布维特发现的一个海岛的纬度线上（布维特认为该岛是"未知大陆"的北端）。为了查证这一海岛究竟是不是"未知大陆"的边陲，1773年1月1日，库克西航行至布维特之地的经度，他既没看到海岛，也没发现存在大陆的任何迹象。这时，库克怀疑布维特是否真的看到了那块陆地。于是，他掉转船头向南驶去。

1773年1月17日中午，库克的航船在东经39°35′附近海面上穿过了南极圈（南纬66°33′），这是人类历史上第一次越过南极圈的航行。由于船遇到了坚冰，库克登上桅杆远望，找不到任何可向南航进的通道，只得决定暂时后退。

2月8日，天空没有一丝云彩，但由于浓雾迷蒙，结果两艘船走散了。库克在这一海区漂游了两天，也没等到"冒险"号，就掉转船头向东南方向驶去，一直到2月26日，在南纬61°21′、东经97°的海域受到坚冰阻拦，库克决定向北撤退。他在南纬58°～70°的海域一直徘徊航行到3月17日，才决定径向新西兰行进。

3月26日，库克指挥的"决心"号航抵新西兰南海岸的达斯基——萨翁德湾（为了纪念库克的航船在这里停泊过，该海湾被命名为决心湾）抛锚休整。"决心"号在驶离好望角后的 117 天的航程中，未发现任何一点陆地的迹象。到 5 月 11 日，"决心"号驶出达斯基——萨翁德湾。5 个星期后，在查罗塔女王海峡（现在的库克海峡）与在这里等候了 5 个星期的弗尔诺指挥的"冒险"号会合了。

6 ~ 7 月，探险队考察了新西兰以东至西经 133°30′、南纬 39° ~ 47°的海域，没有发现任何陆地。10 月 7 日，航船到达汤加，不久，又启程向新西兰驶去。10 月 30 日，因强劲海风的阻拦，两船在库克海峡东部入口处再次走散。此后，两船再未会合，直到返回英国为止。

11 月 26 日，库克离开新西兰海岸，向南和偏东南航进。12 月 18 日，大雪纷飞，浓雾笼罩，库克再次越过了南极圈。12 月 23 日，库克在南纬 67°20′、西经 137°20′的海域遇到了一条不可逾越的冰障，再加上伸手不见五指的浓雾，使他暂时停下来。这时，库克命令"决心"号暂向北退到南纬 47°51′处。不久，库克又向南挺进，于 1774 年 1 月 26 日，在西经 109°31′处库克第三次进入南极圈。到 1 月 30 日，库克航行到南纬 71°10′、西经 106°54′附近的海区，即后来被命名为阿蒙森海的海域。这是当时航行的最南纪录，在此后的 60 年间未曾被打破。这里距离南极大陆最近的一个突出角（阿蒙海海边的捷尔斯敦半岛）只有 200 千米了，但是，他却功亏一篑，在此停止了南下的征程。

库克转舵向北航行，途经复活节岛、马克萨斯群岛、土阿莫土群岛、塔希提岛。在前往汤加群岛途中，发现了有人居住的海岛，称之为萨维兹岛（意为野蛮岛），当地人称它为纽埃岛。8 月 31 日，库克环绕圣埃斯皮里图岛航行一周，该岛是新赫布里底群岛北部的一个大岛。这样，库克完成了对这个群岛各岛屿的全部"发现"工作。

11 月 10 日，"决心"号离开新西兰的科拉贝尔港，再次起航朝东南方向行驶，一直行进到南纬 55°的海区，然后又径直向南驶去。在南纬 53° ~ 56°横穿太平洋，考察了火地岛，并有一些新的发现被标在海图上。

1775 年 1 月 16 日，库克在西经 38°30′附近找到西班牙人 1756 年发现的、英国人亚历山大和达尔斯普尔到过的一片陆地。次日，库克登岸并竖起了一面不列颠国旗，宣布它为不列颠的领地，并以英国国王的名字把它命名为南乔治亚岛。这是一片未经人们开拓的自然条件异常严酷的陆地。经过绕行一周的考察，库克确认它是一个不大的岛屿。在朝东南方向眺望时，库克看到了一片陆地，但很快消失在迷雾中。

知识小链接

南极圈

南极圈即南纬66°34′纬线圈。这是南半球上发生极昼、极夜现象最北的界线。南极圈以南的区域，阳光斜射，虽然有一段时间太阳总在地平线上照射（极昼），但正午太阳高度角也是很小，因而获得太阳热量很少，为南寒带。南极圈是南温带和南寒带的分界线。

1月23日，库克驾船驶向这片"陆地"，然而，他新发现的只是一些岩石小岛，于是，他把这些小岛称之为克拉克岩石岛群。

1月28日，船抵达南纬60°4′、西经29°23′处。库克遇到了大量漂游的"冰岛"，船无法前进了，只好转头朝北航行。三天后，他看到了一条海岸，岸边雄伟的高峰直插云端，上面覆盖着白皑皑的冰雪。经过察看，库克认为，他所发现的海岸线或许是一个岛群，或许是南方"未知大陆"的边陲，所以他把这片陆地称为桑威奇地，其最北端位于南纬57°，最南端位于南纬59°13′。库克把最南端称为南图勒，因为这是人们发现的最南面的一片陆地。他在2月6日还未探测完桑威奇地就已假想这片陆地可能是南方"未知大陆"的一个突出角。

此时，库克考虑到短促的南极夏季快要结束，于是就调整航向朝东北方向航行，经开普敦，于1775年7月29日回到英国，结束了为期3年零17天的第二次环球航行。

👉 接近南极大陆的俄国人

1819 年，俄国海军部派遣别林斯高晋和拉扎列夫率领的探险队在南极地区最近的地方航行，以便获得有关地球的最新知识。此外，海军部还特别指示他们，只有在碰到不可克服的困难的情况下，才可放弃这种努力，而且还要观测某些可能对俄国海军行动有价值的情报。

1819 年 7 月 16 日，别林斯高晋指挥"东方"号（900 吨）、拉扎列夫指挥"和平"号（500 吨）离开喀琅施塔得港，朝大西洋驶去。同年 11 月，他们到达南美巴西首都里约热内卢，经过补给后，向南航行。这两艘靠风驱动的帆船，驶入南纬 40°，受到第一次重大考验。因为在南纬 40°~50° 的洋面上，不停地刮着猛烈的西风。狂风掀起 20 多米高的巨浪，猛烈的压向甲板。人们通常把这股强劲的西风称为"抢劫的西风"，把西风所处纬度称为"咆哮的 40°""发疯的 50°"。经过艰难的航行后，"东方"号和"和平"号最终抵达了南乔治亚岛，他们在

别林斯高晋

12 月 28~30 日考察了这个海岛的南部海岸（岛的东北海岸，库克在 1755 年就考察了）。在此，他们发现了一个小岛，并以"和平"号船上的军官阿宁科夫的名字命了名。

之后，"东方"号和"和平"号离开南乔治亚岛向东南行驶，别林斯高晋想找到桑威奇地的最北部分。虽然当年库克已从西部对这一发现进行了调查，但没有确定它究竟是一连串海岛，还是南方"未知大陆"的北端半岛。

"东方"号沿其东海岸航行，找到了库克遗留疑问的答案。别林斯高晋在库克发现的坎德尔马斯群岛以北发现了三个小火山岛屿，并分别以"东方"号的三位军官的名字命名，它们是列斯科夫岛、托尔松岛和扎瓦多夫斯基（别林斯高晋的主要助手）岛。这3个岛与库克发现的桑威奇地，构成了现今的南桑威奇群岛。从1820年1月3日至18日，别林斯高晋对该群岛调查后指出，它不是南方"未知大陆"的一个半岛。

俄国人首次确定了南桑威奇群岛与南大洋中其他岛屿和礁石之间的联系，指出这里存在一条海底火山带，它位于南纬53°~60°，并在大西洋西部海域延伸2500多千米。这是一个重大的地理发现，这条海底山脉现在被称为南大西洋海底山脉。

1820年1月15日，一个少有的晴天，两船驶抵南图勒。他们看到，这块陆地由三个高耸的岩石岛屿组成，岛上覆盖着永不融化的冰雪。于是他们认为他们离"未知大陆"不会十分遥远。

"东方"号和"和平"号从东面绕过一座冰山之后朝东南方向前进。1月26日，两船首次越过南极圈。

在这段航行中，两船共3次穿过南极圈。2月2日，他们到达本次环球航行的最南位置——南纬69°25′、西经1°11′。但他们没有发现南面53海里的毛德皇后地海岸。120年后，挪威的捕鲸者曾经到这段海岸，并把它命名为现在的名字。

"东方"号和"和平"号企图从东面绕过这些无法逾越的冰障。虽然他们派出的帆船在2月21日和25日分别在东经19°和41°穿过南极圈。但是，和第一次一样，却未能向南推进到更远的地方。

随后，短促的南极夏季即将结束，"东方"号和"和平"号根据事先计划暂时分开航行。"东方"号沿库克航线以北3°航行，"和平"号沿弗尔诺航线以南3°航行，为的是调查库克与弗尔诺于凯尔盖朗岛附近航线之间的海域。别林斯高晋希望重新找到皇家公司岛。据说西班牙的拉费洛发现过该岛，并由阿罗史密斯把它绘制在海图上，其位置是南纬49°30′、东经143°4′，但是，该岛并不存在。经过近一个月的航行，"东方"号于 4 月 11 日、"和平"号于 4 月 18 日抵达澳大利亚的杰克逊（悉尼）港。

"东方"号和"和平"号在杰克逊港停留了一个月以后，两艘船开始到太平洋热带水域进行了大规模的调查。当船航行到土阿莫土群岛时，他们发现了一些有人居住的珊瑚岛，并以 1812 年卫国战争时期的国务活动家、军队统帅和舰队司令的名字分别命名了这些位于土阿莫土群岛中部和西部岛群之中的岛屿。别林斯高晋把它们统称为罗西扬群岛。之后，他们在热带太平洋调查后回到杰克逊港。

10 月 31 日，两船离开杰克逊港向南行驶，朝着库克未曾到过的新西兰以南的高纬度区前进，再次向南极冰雪大陆进发，途经位于南纬 54°37′、东经 158°51′的马阔里岛。他们在向南推进的过程中，开始时航行情况正常，一切都十分顺利，但是到 12 月中旬，他们遭到一场强风暴的猛烈袭击，天昏地暗，60 米以外的地方什么也看不清，强劲的阵风卷起的恶浪如同小山一般。

在这次航行过程中，他们曾三次越过了南极圈，其中两次航行到离南极大陆很近的地方。第三次向南航行时，陆地的明显迹象呈现在他们的面前。1821 年 1 月 22 日，探险队的帆船已行进到南纬 69°22′、西经 92°38′。在此，他们遇到了冰障，不得不再次退回来，继续向东航行，几个小时后，他们终于看到了海岸线，并且，他们用俄罗斯舰队的创始人彼得一世的名字命名了这个新发现的海岛。

知识小链接

彼得一世

彼得一世（1672—1725 年），原名彼得·阿列克谢耶维奇·罗曼诺夫，通称彼得大帝，俄国罗曼诺夫王朝第四代沙皇（1682—1725 年）。1682 年即位，1689 年掌握实权。作为罗曼诺夫朝仅有的两位大帝之一，彼得大帝一般被认为是俄国最杰出的沙皇。他制定的西方化政策是使俄国变成一个强国的主要因素。

由于冰情严重，他们无法接近彼得一世岛，只好沿着冰缘继续航行。1821年1月28日，俄国人从两艘船上均望见南方有一片地势很高的陆地。从"和平"号船上望去，他们看到的是一个高耸入云的海角，一条狭窄的地峡把它与一条不高的山脉联结在一起，山脉是向西南延伸；从"东方"号船上望去，他们看到的是一条山岳的海岸线，岸上覆盖着厚厚的白雪，然而，山崖和峭壁上没有积雪。别林斯高晋把它命名为亚历山大一世海岸。

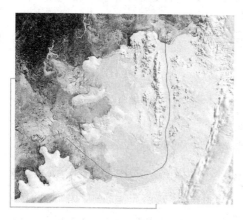

亚历山大一世地

俄国人发现这片陆地后的125年，龙尼领导的美国探险队考察了这个地区，从而确认这里有一条又长又窄的海峡——乔治六世国王海峡，它的北端终止于绍卡利斯基海峡，西端终止于龙尼湾，长约500千米。这条被冰封冻的海峡，把新发现的陆地与南极大陆截然分隔开来，亚历山大一世地，就是现在的亚历山大一世岛。

亚历山大一世地的经纬度是南纬69°~73°、西经68°~76°。由于附近的水冻结成厚厚的冰层，俄国的航船无法冲向该地的陆岸边缘。别林斯高晋在这个新发现的陆地北面绕过一座冰山，向东驶去了。他穿过太平洋最东南部的海区——现在这个海被称为别林斯高晋海，然后驶进德雷克海峡，以便在这条海峡里寻找1819年2月19日英国海豹捕猎者威廉·史密斯发现的新设得兰地（现在的利文斯顿岛），史密斯当时把它误认为是南方大陆的一个突出角。俄国探险队考察了这块陆地，并证实它是一个群岛，位于雷德克海峡东北偏北约600千米的海面上。他们还以俄国卫国战争时期及以后反对拿破仑一世而进行多次远征的将士们的名字命名了南设得兰群岛的诸岛。

1821年2月11日，当别林斯高晋发现"东方"号帆船若不大修就无法在高纬度海区航行时，他决定掉转船头向北航行。在南设得兰群岛附近，俄国人见到了美国"英雄"号捕鲸船船长纳撒尼尔·帕尔默，后来，美国学者以此为主要依据，说帕尔默是第一个看到南极大陆的人。"东方"号和"和平"号于 1821 年 8 月 5 日回到喀琅施塔得港。两船在历时 751 天的航行中，其中有 527 天是在张帆航行。按其地理发现成果而言，别林斯高晋和拉扎列夫的航行是 19 世纪的最伟大的事件之一。

👁️ 英国人发现南设得兰群岛

◎ 史密斯的第一次南极之行

第一个发现南设得兰群岛和特里尼蒂地的人是英国人威廉·史密斯。1790 年 10 月 11 日，史密斯出生于的锡顿斯卢斯。1812 年，史密斯开始担任"威廉斯"号的船长。此后几年，他一直跑南美航线，装卸货物。

1819 年 1 月中旬，"威廉斯"号离开阿根廷的布宜诺斯艾利斯，驶往智利的瓦尔帕莱索。船经过福克兰群岛后，史密斯碰上了逆风，使他不可能绕过合恩角。德雷克海峡令人生畏，一般的船长，由于害怕冰的威胁，尽量避免向南走得太远。史密斯曾在格陵兰捕鲸业中干过，因此，他不太害怕冰。他的船坚持向南，然后向西，在高纬度海区中行驶。

1819 年 2 月 19 日拂晓，史密斯在南纬大约 62° 处见到了南设得兰群岛。因为当时正刮着烈风，史密斯机智地向北行驶。20 日上午，风力减弱，能见度较好。史密斯驾船向南，沿南偏东方向向陆地行驶。中午时分，他的位置在南纬 62°17′、西经 60°12′，其南偏东方向有一突出的陆角（可能是威廉斯角），距离约 12 海里。

靠近海岸时，史密斯见到海岸附近有许多岩石、浅滩，于是，他改变了航向。下午 4 时许，陆地的方位是南南东到南东偏南——很可能是从利文斯顿岛上的威廉斯角及其后面的冰原岛峰到格林威治岛上的格里弗斯峰、克拉奇峰和劳埃德山。

知识小链接

福克兰群岛

福克兰群岛简称马岛。位于阿根廷南端以东的南大西洋水域，西距阿根廷500多千米，在南美洲南端的东北方约480千米。全境由索莱达（东福克兰）、大马尔维纳（西福克兰）两大主岛和200多个小岛组成。岛上多丘陵，河流短且流速慢。气候寒湿，年平均气温5.6℃。年均降水量625毫米，一年中雨雪天气多达250天。

由于担心大风再来，他不敢再靠近了。于是，史密斯张开船上所有的风帆，向北驶向智利的海港瓦尔帕莱索。

1819年9月底，"威廉斯"号从蒙得维的亚起航。第四天，史密斯驶过了合恩角。因为他想再次去新发现的大陆，于是就朝南南东方向行驶。这天下午6时，他到达与2月19日的位置差不多的地方。他看见陆地的方位是南东偏东，距离约9海里。他向该陆地驶去，当群岛处于东偏南方位、距离4海里时，他测得的水深为730米，底质是黑色的细沙。

第二天早晨，史密斯再次向该岛行驶。天气十分晴朗，史密斯见到了方位为东南方，距群岛9海里的大陆。该大陆从合恩角开始沿北和东方向自然地向东伸展。他派大副和船员乘一艘小艇登岸。在岸上，他们竖起一块牌子，上面刻有英国国旗的图案和一段题词。船员们欢呼雀跃，庆祝以大不列颠国王的名义占有了该岛。起初，这块大陆被命名为"新南大不列颠"，后来有人提出，这个名称可能与其他地方的名称混淆，为此，史密斯将它改称为南设得兰群岛。

史密斯在他的备忘录中说，该地非常高，被雪覆盖着。在船的周围，有大量的海豹、鲸和企鹅等。

合恩角

合恩角，南美洲最南端合恩岛上陡峭的南角，通过这里的经线是大西洋和太平洋的分界。合恩角海拔 395 米，属智利。1578 年航海家德雷克首先到此，1616 年抵达的荷兰航海家以其诞生地合恩命名。它南临德雷克海峡，气候阴冷，多雾，终年盛吹强烈西风，岸外海面波涛汹涌。

在沿着乔治王岛、纳尔逊岛、罗伯特岛和格林威治岛向西和向南航行的过程中，史密斯一直盯着海岸。不久，他就发现，这是一群岛屿，而不是大陆。

史密斯沿海岸航行了 150 海里，10 月 18 日，看到另一个海角，比他见到过的陆地高得多。这是史密斯岛，高 2280 米，当时他命名它为"史密斯角"，其经纬度是南纬 62°53′、西经 63°40′，在迈尔斯的海图上，该岛向东南延伸约 45 海里，向西南延伸约 30 海里。实际上，该岛的长度不足 20 海里。

至此，史密斯认为，他已经勘测了 250 海里长的海岸（实际上不足 160 海里），他的目标已经达到。因此，他决定返航，并于 1819 年 11 月 24 日回到了瓦尔帕莱索港。

◎ 史密斯的第二次南极之行

从 1819 年 12 月 19 日至 1820 年 4 月 15 日，史密斯和爱德华·布兰斯菲尔德进行了一次南极航行。

1819 年 12 月 19 日，史密斯和布兰斯菲尔德看到了利文斯顿岛上的希莱夫角的陆地，然后向西南西方向行驶了 25 海里，再掉转船头，沿从北福兰角到梅尔维尔角的新设得兰北海岸航行，一直到利文斯顿岛上的巴纳德岛。因此，他们几乎绕这个岛群的大部分走了一圈。然后，"威廉斯"号向南航行，见到了迪塞普申岛，但没有仔细考察。

1820 年 1 月 30 日，他们见到了陶尔岛，高 330 米，后面是高达 1980 米的格雷厄姆地的特里尼蒂半岛的大陆。布兰斯菲尔德的海图上把它称为"部分被雪覆盖着的特里尼蒂地"。然后，船向南和东航行绕过陶尔岛，他们注意到沿岸有一些岩石。

他们继续向东航行，在航线以南的靠陆一侧，他们在海图上标为"被雪覆盖的高山"。他们指的是近830米高的布兰斯菲尔德山。在此后向北的60~70海里的航程中，没有什么发现。

他们继续向北，见到了象岛，该岛的西北海岸很危险，因为其周围有锡尔岛和许多暗礁。他们在象岛的北海岸外测得水深为327米，底质粗糙。然后，他们沿克拉伦斯岛的东海岸，一直航行到该岛南端的鲍尔斯角。

此后，他们向东一直航行到西经50°，近2月底，又向南航行到南纬64°46′。他们再没有发现新的陆地。1820年4月15日，他们回到了瓦尔帕莱索港。

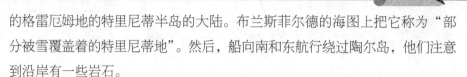 美国人的发现

纳撒内尔·帕尔默出生于1800年，美国康涅狄格州的斯托宁顿人。他的父亲是一个造船工。帕尔默在12岁的时候就开始了航海生涯，当时还处于美英战争时期。1814年战争结束后，他受雇于新英格兰的沿岸贸易公司。19岁时，他成了一艘斯库纳纵帆船的船长。

几个月后，当谢菲尔德船长率领"赫西利亚"号船驶向南设得兰群岛时，年轻的帕尔默担任二副。

1820年，帕尔默受命指挥"英雄"号单桅纵帆船，作为"赫西利亚"号的供应船。整个船队共8艘船，航行的目的地还是南设得兰群岛。

1820年11月，帕尔默从南设得兰群岛出发向南航行，他此次航行的目的是找到更多的捕猎海豹的海滨。到达迪塞普申岛后，他于11月6日向东南方向驶往格雷厄姆地的大陆。11月17日深夜，因逆风，帕尔默将船停在离该大陆不远的特里尼蒂岛附近。第二天凌晨4时，他发现了一条海峡，海峡中结

满了冰，海岸难以接近。这里很可能是隔开特里尼蒂岛和大陆的奥尔良海峡的入口处。但是，帕尔默认为再继续冒险深入是不慎重的。于是，他拨转船头向北行驶，穿过布兰斯菲尔德海峡后，于11月18日凌晨2时，回到了南设得兰群岛的利文斯顿岛。

帕尔默显然相信他已经找到了南方"未知大陆"，并将他的发现公布于众。5个月后出版的一张地图，把这块陆地称为帕尔默地。

但是，对于帕尔默首先发现了南极大陆一说，历史学家一直有争议。斯塔克波尔撰文认为，帕尔默只见到了南设得兰群岛的利文斯顿岛的南海岸。英国人认为，乘坐"威廉斯"号的布兰斯菲尔德于1820年1月看见了在奥尔良海峡附近的大陆上的白雪覆盖的山峰、黑色的岩崖和多石的海滩。当时的大多数历史学家都同意，布兰斯菲尔德曾在南设得兰群岛和大陆之间的海峡中航行，并观察到后来被帕尔默看到的岛屿。英国海洋和极地历史学家琼斯认为纳撒内尔·帕尔默确实在那些水域中航行过，不过已经比史密斯和布兰斯菲尔德两位探险家晚了10个月。

➡️ 英国恩德比公司船长们的发现

南极大陆的发现，不是一两位探险家所完成的，而是若干探险家前仆后继努力的结果。继别林斯高晋、史密斯、帕尔默等之后，又有一批探险家对南极大陆进行发现，并且做出了不朽的贡献。

英国恩德比公司的一名船长、皇家海军的老兵詹姆斯·威德尔于1822年底率领两艘小船从南乔治亚岛出发，航行到后来以他的名字命名的危险的威德尔海，创造了最往南的74°15′的纪录，打破了库克当初创造的71°10′纪录。

当时的天气格外的好，天空晴朗，气候温和，两艘小船在这一带海洋上多次自由航行，但没有发现任何陆地的迹象。如果在平常的年份，威德尔的两艘小船决不能航行到如此之远。威德尔未能继续向南挺进，原因不是南极浮冰的阻挠，而是由于逆风所致。他在这个高纬度海区的航行过程中，仅仅看到了三四座漂移的冰山岛屿。现在人们业已证实，威德尔海是大西洋最南面的一个海区，它深深地嵌入南极大陆。

拓展阅读

威德尔海的魔力

威德尔海的魔力首先在于它流冰的巨大威力。南极的夏天，在威德尔海北部，经常有大片大片的流冰群，这些流冰群像一座白色的城墙，首尾相接，连成一片，有时中间还漂浮着几座冰山。有的冰山高一两百米，方圆两百平方千米，就像一个大冰原。这些流冰和冰山相互撞击、挤压，发出一阵阵惊天动地的隆隆响声，使人胆战心惊。

恩德比公司的另一名船长约翰·比斯科渴望证实他的一种理论：南极洲不是一块新大陆，而只不过是一些巨大的海冰。1831～1832年，按照公司下达的任务，他在南极海域完成了一次环极地航行。比斯科率领方帆双桅船"图拉"号和汽船"莱夫利"号两艘小船从福克兰群岛出发朝东南方向行驶。1831年1月，他从经度0°线处越过南极圈，其后一直往东行进到南纬70°线，到达东经50°处。2月底，他在南极圈附近的海区发现了一个地势很高的"岛屿"——"恩德比岛"，实际上这不是一个海岛，而是南极大陆的一个突出部分——恩德比地。

比斯科还看见了亚历山大一世地东北方向的阿德莱德岛，再往东北方向行进时，又发现了一个不大的群岛，并以他的名字命名了这个群岛。这个群岛后面，便是南极半岛的格雷厄姆地了。

你知道吗

南极半岛亦称格雷厄姆地

南极半岛亦称格雷厄姆地或奥伊金斯领地。它位于西南极洲，是南极大陆最大、向北伸入海洋最远（南纬63°）的大半岛，东西濒临威德尔海和别林斯高晋海，近海有宽广的大陆架，东侧有菲尔希纳陆缘冰；北隔970千米的德雷克海峡与南美洲相望，南接崎岖的山地和冰雪高原。

比斯科在这个群岛的一个岛上登陆，并把它宣布为英国的领地。后来，他驶向福克兰群岛，从而结束了这次环极地航行。

此外，恩德比公司的另一些捕鲸船长，对南极大陆也有一些发现。例如：1833～1834年的南极夏季，彼得·肯普船长驾驶"磁石"号在恩德比地以东，发现了一条高达2000米的海岸线，并以他的名字命名为肯普地。1839年2月，约翰·巴勒尼船长带领两艘航船南航至南纬69°、西经172°海区，然后向西行进，发现了一座正冒浓烟的火山。他继续朝西北方向进发，几天后在东经162°～165°的海面上又发现了3座小火山岛，巴勒尼登上了其中的一个。后来这3个岛被命名为巴勒尼群岛。

➤ 迪尔维尔的发现

1837年9月底，法国著名航海家、曾两次完成环球航行的迪蒙·迪尔维尔按路易·菲利普国王的旨意，率领两艘3桅舰"天文实验室"号和"蔡利"号离开土伦，要打破威德尔创造的航行最南的纪录。4个月后到达南大洋。指挥官迪尔维尔高超的航海技术和英明果断的决策使这两艘不适合极地海域航行的小型护卫艇能够幸运地保存下来。

"天文实验室"号

迪尔维尔率船想驶过威德尔海，但被巨冰挡住了。于是，迪尔维尔掉转船头朝西北方向行进，以便穿过德雷克海峡进入太平洋，至此，他发现了若因维尔岛，一条封冻的海峡把这个岛与他所命名的路易斯-菲利普地的一段海岸截然分开了（路易斯-菲利普地是格雷厄姆地东北的突出角）。迪尔维尔撤回太平洋，进行他提出的人种学考察。

你知道吗

太平洋名称的由来

1519 年 9 月 20 日，麦哲伦率领西班牙探险队从西班牙故都塞维尔动身，经直布罗陀海峡，沿大西洋向西，开始环球航行。麦哲伦的船队从南美洲越过关岛，来到菲律宾群岛。在航行中，始终没有遇到一次大的风浪，海洋十分平静。队员们高兴地说："这里真是个太平之洋呀！"从此，人们就把美洲、亚洲和大洋洲之间的一片大洋，叫作"太平洋"。

随后，紧接而至的南极夏季使迪尔维尔决定再次向南极进发。这次是从澳大利亚而不是从南美方向去接近南极大陆。1839 年年底，他航行到塔斯马尼亚以南很远的水域，在南极圈附近（东经 140°处）发现了一条高达 1000 米的海岸线，趁着天气好，"天文实验室"号船上的人们乘一只小艇登上岸边的岩石湾，升起三色法国旗，迪尔维尔就以他的妻子的名字阿德利将此地命名为阿德利地。因为他的妻子为了使他能完成远距离探险计划而三次同意和他长期而痛苦的分离。

登陆两天后，两船遇上了突如其来的凶猛风暴，"天文实验室"号的帆被风撕成碎片。暴风过后，他们竟意外地遇到了美国的威尔克斯船队的一艘船，两船船长都指责对方故意不发信号。威尔克斯的船长认为，迪尔维尔力图超过他，而法国人则用同样的指责来回敬威尔克斯考察队。之后，法国船沿着冰崖前进了几天，但船上的情况正在恶化，连迪尔维尔本人也病了。由于大块浮冰的阻拦，他决定撤退，于 1840 年 11 月回到法国。

威尔克斯的发现

查尔斯·威尔克斯上尉领导的美国探险队，有 6 艘船，是这一时期中规模最大的南极考察队。"文斯尼斯"号和"孔雀"号是约700吨的军舰，"海豚"号是一艘约200吨的方帆双桅炮舰，"救济"号是一艘供货母船，"海鸥"号和"飞鱼"号是100吨左右的供给船。威尔克斯首次出发的目标是格雷厄姆地和威德尔海区，以寻找南磁极和鲸类资源。

1840年1月，威尔克斯从澳大利亚的悉尼港起航向南磁极区域进发。1月15日，他看到了巴勒尼群岛，之后，又指挥船队向西航行，在东经140°附近，登上迪尔维尔发现的德拉德库福尔德角偏西处。尔后，继续向西想去恩德比地，然而，当他到达诺克斯地附近的东经106°40′时，南极的夏季快过去了，他只好返回悉尼。他在这次航程达2400千米的长途航行中，多次看到南极大陆的山脉、海岸和海角，并以首次看到它们的船员的名字命了名。

基本小知识

南磁极

南磁极，是两个地球磁极之一。它位于地理南极的附近，但是它的位置并非恒定不动，而是缓慢并不断地变化着。1909年1月16日，由欧内斯特·沙克尔顿带领的探险队发现了南磁极。

威尔克斯性格武断，处罚严厉，手下的船员被折磨得痛苦难忍。他成功地完成了他的使命，但返回美国后他发现自己受到冷遇，原来是他的个性使他的探险成就黯然失色。但是，瑕不掩瑜，威尔克斯对东南极洲的发现，足以证实南极洲是一块大陆，而不是一个群岛。因此，在现今的南极洲地图上，把东经100°～150°的广大陆地命名为威尔克斯地。

▶ 罗斯的三次南极之行

詹姆斯·克拉克·罗斯曾以北极探险的卓越成就闻名于世，但是他对自己是否真正认识南极大陆却信心不足。为了对地磁学研究作出更大贡献，为了发现新大陆和校正已发现陆地的地图，他受命率船去南极水域航行。

1840年8月16日，罗斯率领370吨的"黑暗"号和340吨的"恐怖"号经好望角和凯尔盖朗群岛驶抵塔斯马尼亚，这时，他得知巴勒尼、迪尔维尔和威尔克斯都有新发现的消息，不禁大为吃惊。于是，他做出了一个极为明智的决定："我认为，如果跟在别国后面探险，我们就不配一直保持的荣誉。所以，我决定避开他们所发现的全部区域，选择比原计划更偏东的经度，尽量南行，如果可能的话，就到南磁极去。"

1840年12月31日，罗斯在东经171°50′处穿过南极圈。1841年1月11日，他在南纬71°、东经171°处看到覆盖着冰雪的陆地，并且用地磁学家萨拜因的名字命名了那清晰可见的高耸山峰。很快，他又接近一个海角，用鼓励组织这次探险活动的国会议员阿代尔的名字命了名。第二天，罗斯登上阿代尔角外的领地岛，并代表英国宣布了所有权。在此之后，罗斯向南航行，进入了现在以他的名字命名的罗斯海。他沿着维多利亚地沿岸航行期间，在南纬77°附近发现两座孪生火山，并用两艘船名分别予以命名。

1841年1月29日，罗斯在180°子午线上达到本航次的最南方——南纬78°，在这里他遇到了一条不可逾越的冰障，也就是现在的罗斯冰障。该冰障形势陡峭，有十几米高。2月2日，罗斯只好掉转船头向北航行，并开始搜寻南磁极，罗斯准确地测定了位于离海岸线约300千米的维多利亚地之上的南磁极。尔后，罗斯率领船队经巴勒尼群岛于4月6日回到塔斯马尼亚。

趣味点击 　好望角

"好望角"的意思是"美好希望的海角"，寓意为通往富庶的东方航道，但最初它却被称为"风暴角"。好望角是位于非洲西南端非常著名的岬角。苏伊士运河通航前，来往于亚欧之间的船舶都经过好望角。现特大油轮无法进入苏伊士运河，仍需沿此道航行。好望角多暴风雨，海浪汹涌，有"杀人浪"之称。

　　1841年11月23日，罗斯再次前往南极洲，目的是在维多利亚地以南更远的地方寻找穿过罗斯冰障的通道。他在西经156°31′处穿过南极圈，因遇到了巨冰的阻挡，便向西行进，后又向南深入到南纬78°11′、西经161°27′。这次比第一次向南推进了9千米，从而创造了更接近南极的新纪录。由于前面是高大的冰障，罗斯不得不再次返航，于1842年4月6日到达福克兰群岛。

　　1842年12月17日，罗斯自福克兰群岛出发，直驶东南，去探索南极半岛的北端所在，于是他的第三次航行开始了。在茹安维尔岛以西，罗斯发现了丹杰群岛之后，两船沿搁浅的冰山与海岸间的狭窄通道南下，但到达南纬65°后就无法前进了。因此，他转向东航，企图沿西经12°进入威德尔海。

　　1843年3月5日，罗斯越过南纬71°30′，但是无奈海冰挡道，寸步难行，而时间已是船只必须撤离南极地区的时候了。在返回途中，罗斯未能找到布维岛。

　　1843年4月4日，罗斯率领船队抵达开普敦，9月底回到英国。

　　罗斯在这为期4年的3次南极探险航行中，在南纬60°以南，从南奥克尼群岛以西到巴勒尼群岛的区域，发现了6个海岛或群岛，在南极大陆发现了7个区域，还有些与迪尔维尔和巴勒尼的发现相重复的地区。

阿蒙森南极探险

◎之一：我要去南极

1872 年 6 月 16 日，阿蒙森出生于挪威首都奥斯陆附近的一个农庄里。罗阿德·阿蒙森从年轻时候起就决心要成为北极探险家。虽然他按照母亲的愿望，成了大学医学系的学生。然而他对学医并不感兴趣，仍坚持要成为探险家，并为此尽可能地去适应一些艰苦的生活。

阿蒙森 21 岁时母亲去世了，从此他放弃了学医，来到商船上供职，打算获得船长的执照，以便将来自己指挥探险船。

1897 年，他作为大副受雇于"比利时"号奔赴南极洲。这是迪格拉奇船长率领的一次比利时南极探险，阿蒙森从这次失败的探险中吸取了不少教训。

阿蒙森和他的探险船

迪格拉奇宣布探险队的主要任务是考察南磁极，然而，事与愿违，到了南磁极对面的格雷厄姆地，"比利时"号被封冻在浮冰里，随冰漂流了 13 个月。阿蒙森是船上未患败血症的两人之一。这次探险一事无成，于 1899 年返回欧洲。两年后，阿蒙森受雇于一艘商船当船长。

后来，阿蒙森的同乡、挪威伟大的探险家 F. 南森，帮他介绍了一位年轻的地磁专家诺迈伊尔教授，在教授的帮助下阿蒙森建立了一支探险队。1903 年 6 月，阿蒙森同 6 名伙伴乘47吨的渔船"约阿"号离开挪威，他宣布要经西北航道（一条沿加拿大北面、从大西洋通向太平洋的航线）驶抵旧金山，途中还要进行地磁考察。

这次航行花了3年时间，在此期间，阿蒙森成了一名北极旅行的船长。他从爱斯基摩人那里学习如何靠海豹和海象肉生活，完成了用狗拉雪橇到北磁极的长途旅行。

爱斯基摩人

　　爱斯基摩人是北极地区的居民，分布在从西伯利亚、阿拉斯加到格陵兰的北极圈内外，居住在格陵兰、美国、加拿大和俄罗斯。他们的住房有石屋、木屋和雪屋，一般养狗，用以拉雪橇。爱斯基摩人主要从事陆地或海上狩猎，辅以捕鱼和驯鹿。猎物是他们的主要生活来源：肉为食，毛皮做衣物，油脂用于照明和烹饪，骨、牙做工具和武器。

阿蒙森为人精明能干，他在为第二次探险筹集资金时没有遇到任何麻烦。之后，他计划绕北极区航行，从太平洋出发再回到太平洋，途中到北极点考察。

这次探险深受公众的关注，因为在此以前，虽然有许多人企图到达北极点，但无一人成功。南森很支持阿蒙森的这一举动，为他这次探险专门建造了一艘392吨的船，取名为"费拉姆"号。就在这时，有两则消息几乎同时传到挪威。一则是美国的罗伯特·E.皮尔里于1909年4月6日到达了北极点；另一则是英国的沙克尔顿抵达南极高原，找到了通往南极点的实际路线。这突如其来的消息，对阿蒙森无疑是一个沉重的打击，因为皮尔里的成功意味着征服北极点已毫无意义。

此时，阿蒙森毅然决然地放弃了原来要花四五年时间环北极航行的计划，来了一个180°的大转向，决定要去南极点。他推测，沙克尔顿至少要离开一年多的时间，在这段时间里，他可能到达南极点。如果成功了，他就会不费劲地为北极漂流探险筹集更多的资金。

◎ 之二：我正去南极

1910 年 8 月 9 日，"费拉姆"号从挪威起航，除个别人外，大家都认为阿蒙森是在去白令海峡，开始执行其北极漂流计划。当他掉转船头向南航行时也没有引起大家的疑心，因为那时巴拿马运河正在开凿之中。不过，阿蒙森很快获悉，他的另一个竞争对手——英国斯科特上校组织的南极探险队，已在两个月前就向南极进发了。

你知道吗

鲸湾如今已消失

鲸湾是南极洲罗斯冰棚上一凹进部分。1842 年由英国探险家罗斯发现。1908 年同国人沙克尔顿到此考察。它是南极探险最重要的中心之一。鲸湾是由于冰棚推进不均而形成的天然海湾，夏季为南极大陆最南端不冰冻港湾，曾有数处重要考察基地，如挪威探险家阿蒙森和美国探险家伯德的基地。1987 年，该湾因 159 千米长的冰山自罗斯冰棚附近断裂而完全消失。

阿蒙森在航行途中，向船员们公布他将去南极的计划，并得到大家的一致赞同。他从马德拉拍了一封简短的电报给斯科特："我正去南极。"斯科特于 10 月 10 日在墨尔本收到了电报。这引起了英国新闻界一场轩然大波。

阿蒙森仔细研究了"发现"号和"好猎手"号考察队的报道，推断在鲸湾附近冰上建立基地是有可能的。沙克尔顿想这样做，但没做到，原因是 1902 年和 1908 年冰的地理位置的变化。阿蒙森对冰情变化颇有经验，他认为 1902 年的冰情反常，而 1908 年的冰情属正常。如果 1911 年仍然正常的话，他就打算把基地建在这里的冰上。

在出航前，阿蒙森就委托一个了解他的意图的人，为他准备了 102 只格陵兰拉雪橇的狗。

1911 年 1 月 2 日，"费拉姆"号穿过了南极圈，并在同一天抵达浮冰区。而在 4 天前，他们在开阔水域和罗斯海中航行时，首次使用了回声测深仪，探测海水深度。1 月 4 日，他们到达无浮冰的开阔的鲸湾。

阿蒙森他们在离冰缘几千米处安装起房屋，并且从 1 月 16 日开始从船上卸货。这个基地命名为费拉姆之家，在离船不远处，建有临时的狗舍。当时已有 116 只狗了，因为在航行期间又出生了几只小狗。在卸货期间，人们就开始猎取海豹和企鹅来作为人和狗的食物。

2 月 4 日，斯科特的船"新大陆"号来访，斯科特不在船上，船由彭内尔中尉指挥。阿蒙森还到"新大陆"号船上和他们共进午餐。彭内尔是在寻找第二沿岸队的登陆地点，似乎谈不上斯科特与阿蒙森之争。

从"费拉姆"号船上卸下最后一批补给品之后，阿蒙森就离开营地去布设第一个仓库。他打算自南纬 80° 开始，沿东经 163° 往南，每一纬度布设一个仓库。阿蒙森的旅程安排与斯科特或沙克尔顿的安排大不相同。在旅行中，他带着 4 个人和 3 架雪橇，每架雪橇带由 6 只狗组成的一支狗队拉着。在出发时，人们穿上毛皮衣服，途中热了就换上防风衣。

除了启动雪橇，阿蒙森的人从不拉雪橇。走在前面领头的那个人，向狗发出前进、停止和转向的信号。队员们轮流当领队，其余的人在雪橇旁滑雪前进。

2 月 14 日，阿蒙森到达南纬 80°，阿蒙森在这里卸下食品，建立起仓库，然后返回，又走了 55 千米。这样，一天中，他们共走了 73 千米，还设下了一个仓库。

仓库是按同一计划建立的，把一些燃料、食品用雪堆高，上插黑旗作标记，在仓库的东西南北都插上黑旗，每面旗标出到中心的距离。阿蒙森在从南纬 80° 返回路上，把剩下的干鱼油切成厚片，放在雪上，作为返回的路标。

冬天到来之前，他们在南纬 81°、82° 建立了仓库，并把 3 吨补给品布设在返回南极点的仓库里，其中最远的仓库离基地 384 千米。

阿蒙森感到他处在优先的地位。他比在麦克默多海峡的任何基地到南极点的距离至少近 96 千米，而且这里周围有许多海豹和企鹅，可供人和狗食用。

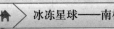

麦克默多海峡

　　麦克默多海峡在南极洲岸外，为罗斯海向西延伸部分。它位于罗斯岛以西，维多利亚地以东，罗斯冰棚边缘。美国建有麦克默多极地研究站。

◎之三：到达南极点

　　1911 年 9 月 18 日，5 个人驾着 90 只狗拉的 5 架雪橇来到南纬 80°。布设最后的仓库。9 天后，他们回到营地，完成了阿蒙森的最后计划。

　　阿蒙森认为，他以狗为动力，不仅可以跑得快，而且出发时间可提前。因此，如果能到达南极点，必定先于斯科特。"费拉姆"号预计在 1 月中旬回到鲸湾，阿蒙森计划 3 个月的极点之行，若在 10 月中旬出发，就能按时回来与船相会。

　　10 月 19 日，罗阿德·阿蒙森、奥拉夫·布贾兰德、斯维里·哈塞尔赫尔默·汉森和奥斯卡·威斯廷 5 人离开费拉姆之家，开始了南极点的远征。他们用 3 天的时间里就到达了南纬 80°，每天平均行进 38 千米，但在穿过营地南面的险恶冰缝区时，布贾兰德掉进了冰缝，九死一生。他们前进的速度减到每天 28 千米。

　　11 月 2 日，他们到达南纬 82°，并从仓库取出所有物品。这些足足够用 90 天的物品，一部分要布设在前面的仓库里，一部分要带到南极点。这时，狗减少到了 46 只。

　　阿蒙森把这次极地旅行，看成是到风景区的一次旅游，而斯科特则把每前进一步，看作是超人努力的结果。阿蒙森和斯科特所在的国家和条件差不多，但阿蒙森在时间上明显提前的理由是，他是一位经验丰富的极地探险家，而斯科特却是一位经验不足的极地爱好者。

　　阿蒙森利用狗，用保温瓶带午饭，他的速度比斯科特快得多，路上还照常休息；而斯科特的旅行，只有在不能前进时才临时休息一下，且人们不得离开帐篷。

阿蒙森的计划是，从南纬82°起，沿东经163°南下，在每个纬度上为返回旅行布设一个仓库。11月8日，他在南纬83°布设了第一个仓库，就在这一天，他们第一次看到陆地。在84°仓库的远处，两座新发现的山脉分别被命名为南森山和佩德罗·克里斯托弗森山。佩德罗是阿蒙森的赞助人，阿根廷的第二大富翁。两山之间悬挂着的几百米的冰川，以南森女儿的名字命名为利夫冰川。两山遥遥相对，从中看不到有任何通道。利夫冰川很陡，无法攀登。11月15日，他们爬上92米高的冰崖，并在顶上布设了85°仓库。

他们离开挪威15个月以来，第一次在南极大陆上留下足迹，并且到达了270米的高度，阿蒙森宣布这天休息。而他、汉森和威斯廷3人却去攀登营地南面的山丘。这座山用阿蒙森的姐妹的名字命名为贝蒂山。来到山顶，他们发现了一条通往南极点的路。

他们在一冰川的三角洲扎营。该冰川以另一位赞助者的名字命名为阿克塞尔·海伯格冰川。把他们的物品运到山顶

拓展思考

保温瓶为什么能保温

保温瓶的构造并不复杂。中间为双层玻璃瓶胆，两层之间抽成真空状态，并镀银或铝，真空状态可以避免热对流，玻璃本身是热的不良导体，镀银的玻璃则可以将容器内部向外辐射的热能反射回去。反过来，如果瓶内储存冷液体，这种瓶又可以防止外面的热能辐射到瓶内。

共需要42只狗，但他们一到那里就宰杀了16只。

11月17日，开始登山，第二天，罗斯冰架就被甩到后面去了。晚上，他们在1200米高处扎营，在这一纬度相同高度的其他地方，温度应下降，这里却相反，温度上升了6℃，致使他们汗流浃背，只得脱下毛皮大衣前进。

11月19日，他们攀登到1580米的高度，到达阿克塞尔·海伯格冰川与

利夫冰川前沿交汇处，发现其表面的冰破碎得严重。他们设立了一个临时营地，狗都留下休息，而阿蒙森、汉森和威斯廷则滑雪橇到前面探路。

找到一条可通行的小路，他们就带着雪橇向上攀登，终于到达3340米高的极地高原。11月21日，阿蒙森宣布休息一天，然而，因为暴风雪的原因，这次休息一直延长到25日。

12天后，他们穿过被称为"魔鬼舞厅"的冰缝纵横的区域。自从暴风雪袭击以来，天气一直阴郁多云，因此，阿蒙森靠着"准确的猜测"行进。9天后天晴了，当他核对他的位置时，发现正好处在计划的路线上。

12月7日，他们穿过沙克尔顿创造的南纬88°23′的纪录，此时可以说，没有灾难就无法阻止他们到达南极点。他们快速前进，食物充足，还有18只狗。

1911年12月14日，他们到达南极点，设立的营地取名为极点之家。他们在地球的最南端共住了3天。南极点地处暴风雪席卷荒漠的高原中央，海拔3360米。

他们在南极点进行了连续24小时的太阳观测，确定出南极点的平均位置，并垒起一堆石头，插上雪橇作标记。帐篷搭在一旁，里面留有写给斯科特和挪威哈康国王的信。

12月18日，他们带着两架雪橇和18只狗开始返回。1月25日，阿蒙森等5人，乘11只狗拉的两架雪橇回到了基地费拉姆之家。1月30日，挪威探险队乘"费拉姆"号船离开南极洲，3月初到达澳大利亚的霍巴特。阿蒙森伟大的南极点的成功之行，让全世界都为之喝彩。他的名字和业绩，也在极地探险的史册中永放光彩。

斯科特南极探险

◎之一：向南极进发

阿蒙森首次登上南极点之后的第33天，英国的斯科特极地队也到达了南极点，但他们的经历和后果与阿蒙森相比，有天渊之别。

1904 年，斯科特完成首次南极考察回国后，就忙于四处讲演和著书立说。不久又与女雕刻家凯思琳·布鲁斯小组结了婚。1909 年 1 月，当他得知妻子怀孕后，强烈的责任感使他想重新组织领导南极探险队，并成为第一个到达南极点的人，以此来尽快晋升为将军。

与此同时，斯科特得到一则使他大为吃惊的新闻：曾是他手下的沙克尔顿，1909 年 1 月 9 日率领英国南极探险队到达南纬 88°23′的地方，离南极点只有 180 千米了。这则消息更加激起他重返南极的念头。

斯科特组织了当时最为庞大的南极探险队，包括 7 名军官，12 名科技人员，14 名海军士兵，并于 1910 年 6 月离开欧洲。

因为斯科特对用狗有偏见，而认为用机械运输有前途，因此，他这次

罗伯特·斯科特

带了三辆履带式拖拉机，而拒绝了南森让他用狗的建议。

1910 年 10 月中旬，斯科特在墨尔本收到阿蒙森拍给他的电报，但并没有引起他太大的注意。

"新大陆"号船长 57 米，吃水 5.8 米，总吨位 392 吨，最大航速为 6.5 节。1910 年 10 月 25 日，斯科特乘"新大陆"号离开新西兰。12 月 9 日，船进入浮冰区。漂浮的冰块、冰山封锁了航道，使前进十分困难。斯科特本想在圣诞节前赶到麦克默多海峡，但一直拖延到 1911 年 1 月 3 日，他们才来到克罗泽角近海，从望远镜中能看到他们上次设下的通信站。

第二天，来到罗伊兹角和冰舌之间的埃文斯角，斯科特决定在这里建基地，船靠在离岸 23 千米的固定冰旁后，立即开始卸货和设营。

新西兰

新西兰位于太平洋西南部，是个岛屿国家。新西兰两大岛屿以库克海峡分隔，南岛邻近南极洲，北岛与斐济及汤加相望。它面积 26.8 万平方千米，首都惠灵顿，最大的城市是奥克兰。新西兰经济蓬勃，属于发达国家。新西兰气候宜人、环境清新、风景优美，生活水平也相当高。

到 1911 年 1 月 6 日，米尔斯有了两支狗队在运输，两天后，奥茨套上了一些马。一辆履带式拖拉机在冰缘破裂时掉入海里，但另两辆在从船到岸的拖运货物中，大显身手。到 1 月 21 日，一幢别具英国海军海岸建筑风格的小房，在埃文斯角落成了，所有物资也都卸运完毕。四天后，斯科特就带领着 12 人、8 匹马和 2 支狗队去布设仓库了。他们没有一个人是新手。三周以来，他们每天工作 17 个小时，抽空吃饭和睡觉。事实表明，狗和马不可能一起齐心协力来运输，因为它们的前进速度不同，要使它们同步，既损狗又耗马。2 月 16 日，他们才到达南纬 79°27′，离斯科特计划在 80° 的主仓库目标还差 67 千米。他深知，若继续往前走下去，有可能遇到南极寒冷黑夜的危险，后果将不堪设想。于是，他们就在这里把一吨重的燃料、食品卸下雪橇，设了一个仓库，称为一吨营地，然后赶忙返回。

对南极探险人员来说，浮冰是很大的威胁

2 月 28 日，鲍尔斯、彻里·加勒德和克林 3 人，带着 5 匹马去棚屋角。但由于浮冰的原因，直到 6 周后他们才回到埃文斯角基地。此次布设仓库的旅行，结果令斯科特极为不安，狗虽无伤亡，但带去的马无一剩下，况且又没有到达预定地点。

冬天来临了，斯科特只能带领

大家在基地里进行各种准备工作：包装食物、训练马狗，制作、维修或改进雪橇、衣服和拖拉机齿轮等。

➡◎之二：确定极地队人选

等到冬去春来，斯科特把人员分成 4 个支援队，每队 4 人，每队独立，但人员可以互相调换，拖拉机、狗和马在希望山以外使用。他计划用一个支援队从希望山返回，另 3 个支援队开始攀登比德莫尔冰川，大约上到半路，又一个支援队返回，从剩下的两个支援队中挑选出 4 人组成极地队，担负到达南极点的重任，其余 4 人返回。

每件事情都是按 4 人设计的，雪橇是由 4 个人拉着，帐篷睡 4 个人，炊具仅供 4 人用，每周定量按 4 人包装。

1911 年 10 月 24 日，埃文斯上尉等 4 人驾拖拉机离开棚屋角开往南纬 81°31′，在那里等待主队。但他们离开棚屋角只走了 64 千米，拖拉机的注油系统就坏了，只好被扔在雪地里。埃文斯留下马的饲料，拉着半吨补给品向约定地点前进。11 月 15 日，他们到达胡珀山，并在那里设下胡珀仓库。

与此同时，斯科特和其他人于 11 月 1 日和 2 日离开棚屋角，途中见到拖拉机遇难，只是感到失望并没有感到意外，他们装好埃文斯丢下的饲料就继续前进。路上积雪松软，马踏破不结实的外壳，拉着雪橇几次掉进雪里。他们在 11 月 15 日到达一吨营地。他们补充了仓库的燃料和食品，对仓库进行了重建。斯科特计算，从此处往返南极点，需要每天平均 24 千米的速度。在后来的 16 天中，他也毫不费力地保持着这个平均速度，按时到达胡珀山。

11 月 24 日，第一支援队返回，不是原计划的 4 人，而是改为 2 人返回，这是斯科特的临时决定。

他们隔一定的距离就杀马，并布设仓库，12 月 10 日到达比德莫尔冰川脚下。第二天，狗拉着主队取近路上了比德莫尔冰川，同时，第二支援队的 2 个人和狗队返回。

但是，这仅仅是开始，道路险峻，地面崎岖不平，暴风雪随时可能袭击。

但他们能够每天行进，只在经过最险恶的地方，才不得不分段运雪橇。同时，一共由 4 个人组成的 2 个支援队回去了，现剩下 8 人继续前进。斯科特停止了每天坚持平均速度的尝试，每天拉雪橇前进 9 个小时，加上装卸营地时间，每天平均工作 15 个小时，只在天气不允许可的情况下他们才休息。

圣诞节这天，斯科特确定了到达南极点的极地队的最后人选，改变了原来 4 人的想法，由 5 人代替。

◎之三： 南极捐躯

1912 年 1 月 4 日，极地队出发了。在之前，他们把雪橇砍短了，而且对滑动装置进行了修理。1 月 8 日，他们穿过沙克尔顿创造的最南纪录。此时，对斯科特来说，前途有两种：要么到达不了南极点；要么，到达了南极点，但可能回不来。但对斯科特来说，只有前进一条路可走。

拓展阅读

站在南极点上
只有北方一个方向

南极点是地球表面非常特殊的一个位置，它是地球上没有方向性的两个点之一（另一个点是北极点），站在南极点上，东、西、南三个方向完全失去意义，只有北方一个方向。在南极点，太阳一年只升落一次，有半年太阳永不落，全是白天，太阳在离地平线不高的地方绕南极点一圈一圈地转，一直不落下，称为"极昼"；有半年见不到太阳，全是黑夜，又称"极夜"。

1 月 16 日，他们到达了南极点，发现了一顶帐篷，里面有一些被抛弃的工具和 3 条袋子，袋子里装着两打未开封的手套和袜子。另外，还有阿蒙森给斯科特的便条和一封信。阿蒙森在便条中请求斯科特把这封信转交给挪威国王。他们对这架帐篷拍了照片，并画出了它的图样，然后，升起了"可怜的被人欺辱的英国国旗"，并对这面旗也拍了照片。

他们在南极点呆了 2 天，重新确定了南极点的位置。测得的结果，与阿蒙森确定的南极点只差几百米。这个误差可能是仪器的误差引起的，也可能都不那么准确。

　　1月18日，他们开始返回。对斯科特来说，他的愿望已成泡影，但他前面还有漫长的道路，还必须靠自己拉着补给品徒步走完。

　　虽然斯科特已经返程了，但是白天的工作量并没有减少。行进路上，既无欢乐又无歌声，只是每天9小时的艰难跋涉，同时，队员们的伤也是非常令人担忧的。

　　2月7日，他们回到比德莫尔冰川的源头，从仓库里捡起只够用3天半的定量。食品太紧张了，3天半的食品，他们却用了6天。因为他们跨越支援队曾受阻的险恶的冰缝区，行进缓慢，最终到达了云标仓库，取出了4天的食品和一些地质样品。

　　斯科特等人蹒跚地走着，终于来到了南冰障仓库，本想吃个饱的队员们却发现油桶的焊锡已经被冻裂，煤油全部流失。这时，斯科特第一次对他们是否能回到基地感到怀疑。此时，他们的煤油只够用5天了，所以除非他们加快步伐，否则到不了胡珀山。

　　当他们的煤油只剩下一点点时，气温突然急剧下降，斯科特在3月里的日记中已经清楚地表明，他和他的同伴对生存下去的勇气一天天地减弱，绝望的情绪日复一日地增强起来。

　　斯科特的最后一篇日记是3月29日写的。日记中说："自21日起暴风雪一直在刮。20日这天，我们每人只有两茶杯燃料和仅够两天的食品。我们每

拓展阅读

斯科特临终前给妻子的信（片断）

　　"亲爱的，这里有零下70多华氏度，极其寒冷。我几乎无法写字。除了避寒的帐篷，我们一无所有……你知道我很爱你，但是现在最糟糕的是我无法再看见你——这不可避免，我只能面对"。"关于这次远征的一切，我能告诉你什么呢？它比舒舒服服地坐在家里不知要好多少！""可能我无法成为一个好丈夫，但我将是你们美好的回忆。当然，不要为我的死亡感到羞耻，我觉得我们的孩子会有一个好的出身，他会感到自豪。"

天都准备出发走完这 17 千米的路程，赶到救命的仓库，但是，我们却无法走出帐篷。假如我们走出去，那么，暴风雪一定会把我们卷走，并埋葬于茫茫大雪原中。我再也想不出更好的办法。我们要坚持到底，但是，我们的身体已经虚弱到极点了，悲惨的结局马上就会来到。说起来也很可惜，恐怕我已经不能再写日记了——罗伯特·福尔肯·斯科特。"

他的日记的最后一句话是："看在上帝的面上，务必请照顾好我们的家人。"

就这样，斯科特为南极探险事业而捐躯了。直到 1912 年 10 月 28 日，他及同伴们的尸体才被发现。

沙克尔顿南极探险

◎之一：极地遇险

沙克尔顿在 1908～1909 年的南极探险中，尽管没有如愿以偿地到达南极点，但找到了通往南极点的路线，并且创造了到达南纬 88°23′ 的最南纪录。他那英勇顽强、百折不挠的精神，赢得了人们的尊敬和爱戴，使他成为英格兰的民族英雄和著名的极地探险家。

但沙克尔顿并不满足于已经取得的成就和获得的荣誉，决心再进行一次尝试。

1914 年 7 月，沙克尔顿率领由 11 名科学家和 17 名船员组成的南极考察队，乘"持久"号考察船离开了伦敦，开始了他领导的第二次南极考察。鉴于南极点这块地理发现金牌已被阿蒙森和斯科特所摘取，他不能跟在别人的屁股后面走，要走自己的路。于是，他把横穿南极大陆作为这次探险的目标。先从威德尔海海岸出发，途经南极点，最后到达罗斯海边缘的麦克默多海峡。

沙克尔顿向莫森购买的"极光"号考察船，也与"持久"号同时出发，它的任务是把一支支援队和部分燃料及食品运送到罗斯海沿岸，由该支援队穿过比德莫尔冰川布设一些仓库，供横穿南极大陆的沙克尔顿使用。

1914～1915年，南极夏季期间，威德尔海的冰情异常严重。"持久"号在1914年12月5日离开南乔治亚岛的一个捕鲸站后，在快要到达最终的停靠港——瓦塞尔湾时，船被冷酷无情的海冰死死缠住，无法脱身，只好随冰漂流。突然，一股强劲的北风吹来，使封冻船的浮冰迅速前进。正在这时，又刮来一股神秘的南风，与强劲的北风相互抵消，才使他们避免了一场灾难。沙克尔顿的横穿南极大陆的计划刚刚开始实施，船就陷入孤立无援的冰漠之中，身不由己地随波逐流，向西北方向漂移，这使他极为不安。在漂流到南纬70°时，冰山向他们袭来。

在巨大冰块的冲击下，船体被击穿了0.6米大的洞，海水涌进船舱，他们连续往外抽了3天海水，并且拼命地去堵洞口，但是毫无用处。沙克尔顿没有办法，只好做出弃船的决定。于是，人们携带3只小艇、雪橇和食品，心情沉重地离开那垂死挣扎的"持久"号船，来到近处运动的大块浮冰上。这里，他们距离可能得到援助的地方有1760千米。

"持久"号一连3周忍受着巨大冰山的相互冲撞，但它仍然被冰冻在浮冰上。人们冒着生命危险，不时地到船上寻找些有用之物。

1915年11月22日，历经冰山折磨的"持久"号再也支持不住了，渐渐地沉入大海。沙克尔顿一行仍然停留在漂移的海冰上。船沉了，使他横穿南极大陆的计划化为泡影。

南极的夏季到了，帐篷里特别闷，浮冰的表面渐渐变成冰泥。他们几次想移动一下帐篷，都因冰不牢固而告失败。食品也成了问题，虽然经常派人抓些海豹来吃，但也不得不把4支狗队的狗射死充饥。

圣诞节和元旦快到了，要想到达波利特岛显然是不可能了。他们仍然呆在冰上随冰漂流。现在唯一的希望是漂流到克拉伦斯岛或象岛，若不能到达其中任何一个岛的话，就只得听任大西洋的摆布了。

直到1916年4月9日，他们随冰漂流到碎冰边缘，小船周围冻的冰化开了，于是3只小船都顺利地下水了。冰山激起的巨浪，不时地向小船扑来，水手们的衣服被海水打湿，不一会儿就冻成了冰人。小船上没有淡水，食品也不充足，还要忍受着盐水刺激冻伤部位的剧烈疼痛。他们白天划船前进，夜里在冰上扎营休息。终于在 4 月 16 日，即"持久"号遇难的第 6 个月，沙克尔顿率队员们登上了象岛。这是一个小岛，找不到任何可以救命的东西，只有一些企鹅栖居在这里，但不久也都迁走了。沙克尔顿认为，他们不能在这里冒寒冬的威胁。于是，他决定带 5 个人，乘长 6.85 米、宽 1.8 米的小艇"詹姆斯·凯尔德"号航行到南乔治亚岛，以寻找捕鲸者的援助。

基本小知识

南乔治亚岛

南乔治亚岛，位于南大西洋，面积 3756 平方千米。岛上荒凉多山，气候寒冷，沿岸多峡江。岛上为寒冷的海洋性气候，大部被冰雪覆盖，仅生长耐寒和冻土植物。该岛海洋生物丰富，有多种企鹅和海豹，被称为"南极野生动物的天堂"。现为捕鲸业基地，设有英国南极考察站。

◎之二：极地脱险

4 月 24 日清晨，沙克尔顿等 6 人乘"詹姆斯·凯尔德"号，带着 30 天的食物、淡水和燃料，动身出发了，留在岛上的人们，以热茶为他们送行。

沙克尔顿把队员分成两班，3 人观察和操纵小艇，3 人挤在甲板下潮湿的睡袋里休息，4 个小时换一次班。然而，小艇随着风浪上下颠簸，休息的人被弹上弹下，得不到安宁。风浪又不时地把海水涌进船内，他们需不断地往外掏海水。

他们就这样在漫无边际的南大洋中航行了 14 天。航行了 1280 千米，终于来到了南乔治亚岛。沃斯利驾驶着小艇，慢慢地靠近海岛。谁知这时海上突然狂风大作，小艇被吹离了岸边。他们在海中漂泊了好几个小时，后来风向变了，又把小艇吹向岸边。6 个疲惫不堪的人连续奋斗了 9 个小时，尽管海岸近在咫尺，可他们却无法靠岸。

第二天清晨，沙克尔顿试图找一个登陆点，但狂风依然不停地刮，他们

　　忍着口干舌燥的痛苦（因为淡水用完了），整天与狂风搏斗，直到夜幕快要降临时，船才在金哈康湾靠了岸。

　　他们把船上的储备品一一搬上了岸，又试图把船也拉上岸，但没有成功。沙克尔顿留下一人看船，其他人就地休息。过了几小时，全体队员出动才把船拖上了岸。

　　他们的运气实在太糟了，因为他们求救的捕鲸站在岛的另一面，要到那里，或是横穿小岛，步行而去，或是乘小艇前往。小艇现在破烂不堪，无法再继续航行了，而且两名队员的身体极为虚弱。

　　6个人当中，只有沙克尔顿、沃斯利和克林的身体还能顶得住，于是，沙克尔顿决定他们3个前去求援，其他3人留下。5月19日，沙克尔顿等3人带着汽化油炉、一套炊具、一把手斧、48根火柴和15米长的登山绳及一些食物出发了。他们在刺骨的寒风中走着、爬着，翻过了一座1200米的高山，最后来到了一个险峻的山坡旁。他们好不容易爬上了山坡，可是下面漆黑一团，怎样下去呢？他们3个手拉手，坐着滑了下去。这是他们整个旅程中最危险的一段路程，因为不知道前面等待着他们的是什么，但命运这次没有捉弄他们。当他们下滑一阵子休息时，已下滑了1.6千米，这等于他们历尽艰辛爬上山坡的一半距离。在以后的行程中，他们不时用指南针来校正方向，也不时停下来休息并吃点东西。最后，经过36个小时的艰难行进，这3个衣衫褴褛、污秽不堪的人，披着满头长发，终于找到了挪威捕鲸站。捕鲸站的管理员李利船长，是沙克尔顿和沃斯利的好朋友，当他见到这3个人的时候，竟然认不出沙克尔顿来了。

　　12小时后，一艘捕鲸船载着沙克尔顿、一名英国捕鲸者和一名挪威志愿船员，向象岛驶去。但不久就被110千米宽的浮冰挡住了，几经努力都未成功。因该船只带了10天的燃料，又没有破冰能力，只好撤回驶向福克兰群岛。在这里，沙克尔顿第一次与外界取得了联系。当时正值战争时期，英国海军部没设置援救南极考察队的机构，但是，沙克尔顿与巴西的乌拉圭亚纳的拖网渔船取得了联系。在6月份，他驾渔船去象岛，看到了象岛，但没能靠岸，因为只带了3天用煤，他不得不回到福克兰群岛。在那里，他紧盯着麦哲伦海峡，看是否有英国的货船经过。然而，他失望了，观察了许久，也未见一艘英国货船经过。他只好租了一艘船龄 40 年的纵帆船，去搭救象岛上的 22 名队员。可是，出师不利，再告失败。8 月，他借到智利的一艘拖船，第四次去象岛。非凡的沙克尔顿找到了一条容易接近象岛的航道，在 8 月 30 日终于到达了离别 4 个半月的象岛。岛上的人们，在最后的几周内，一个个饿得死去活来，但仍然坚信沙克尔顿队长会来营救他们。当船靠岸时，他们高兴得快要发疯了。简短的庆贺之后，队员们都上船返回欧洲。

拓展阅读

福克兰海战

福克兰海战，常称马岛战争，是 1982 年 4 月~6 月，英国和阿根廷为争夺马岛的主权而爆发的一场战争。最终英国获胜，取得马岛的主权。

此时，沙克尔顿的营救工作还没做完。与"持久"号同时起航的"极光"号，顺利抵达罗斯海沿岸后，支援队就穿过比德莫尔冰川去设置仓库，就在这期间，一场暴风把"极光"号的锚链刮断了，船受损严重，在罗斯海漂泊了几天就回新西兰了。然而，支援队的 10 人被弃留在罗斯岛的埃文斯角。沙克尔顿赶到新西兰找到"极光"号，很快修复好，就随船到罗斯岛接回岛上的支援队。至此，沙克尔顿的这次"横穿南极大陆的考察"才算告一段落。全体船员和队员得救了，无一人失踪。

1922 年，沙克尔顿组织领导第三次南极考察队再度赴南极。但他到达南乔治亚岛时却突然发病，这位杰出的极地探险家不幸逝世，年仅 48 岁。

科学探索南极时代

　　20世纪初以前的南极探险活动，尽管影响很大，但由于没有先进的技术装备，考察所得十分有限的。20世纪20年代以后，开始使用飞机，这就使考察范围大大地扩展了，人们得以认识南极的真实面貌。

　　第一次用飞机对南极进行考察的，是1928年由美国海军上将伯德率领的南极探险队。同时埃尔斯沃思一次富有戏剧性的飞行，为美国争得了名为"美国高地"的大约20万平方千米的陆地。20世纪40年代，美国先后进行了"跳高行动"计划和"风车行动"计划，尽管这两次考察的主要目的是军事和政治上的，但在科学上的成果是惊人的。

　　当然，对探索南极来说，最好的方法莫过于设立科学考察站。自1904年阿根廷率先建立奥长达斯站以来，在南极掀起了建立科学考察站的浪潮，规模最大的是美国麦克默多站，海拔最高的是前苏联东方站。

伯德对南极的考察

◎ 伯德首次飞越南极点

20 世纪初以前的南极探险活动，尽管听起来非常惊险，但是无论在规模上，还是在取得的成果上，都是十分有限的。没有先进的技术装备，在艰苦的环境中，只能靠人的冒险精神和无比的毅力。

20 世纪 20 年代以后，情况发生了很大变化。在南极开始使用飞机。它不仅改善了探险的生活条件，同时也使考察范围大大地扩展了。人们这才渐渐地认识了南极的真实面貌。

第一次用飞机和其他新设备对南极进行考察的，是美国南极探险队，参加人员有 60 多人，为首的是美国海军上将里查德·E. 伯德。

伯德曾在 1926 年 5 月 9 日，与驾驶员弗洛伊德·贝内特一起，成功地飞越过北极点。尔后，在一次宴会上，他对阿蒙森说，他要飞越南极点。阿蒙森说："一项重要的工作，是能够完成的。你的想法很对。"

1928 年的晚些时候，伯德正式宣布飞越南极洲的计划。10 月 11 日，伯德率领一支由 2 艘远洋舰、4 架飞机、雪上运输车和 50 名队员组成的庞大的美国探险队，从旧金山出发，经过赤道，驶向南大洋，于年底到达罗斯冰障。这次探险的任务，包括探测毛德皇后山脉的地质情况，弄清现在的玛丽伯德地以东的地形地貌，精确测定鲸湾和飞越南极点的空中探险。

他在鲸湾附近建立了基地，取名为小美国。

在 1929 年 11 月 29 日，伯德率领驾驶员巴尔肯、副驾驶员哈罗德·琼、摄影师阿什利·麦金利一行从小美国基地起飞，开始时，还能够拍摄下面山脉的照片，但不久就陷入了严重的困境。飞机只有升高到 3000 米以上的高度，才可以避免撞到极地高原前面的山峰上的危险。于是，伯德命令随行人员扔下 110 千克的食品，以便减轻飞机的重量，结果飞机爬到超过山峰 120

米的高度，才安全进入极地高原上空，不久就到达南极点。

伯德回忆说："我们在阿蒙森于 1911 年 12 月 14 日停留过的地方，也就是 34 天后斯科特呆过和读阿蒙森留给他的便条的地方的上空，停留了几秒……那里现在没有那种场面的任何标志；只有荒凉寂寞的雪野，回荡着我们飞机发动机的声音。"

◎ 伯德的第二次南极考察

1933 ~ 1935 年，伯德组织领导了第二次南极考察，其目的在于扩大第一次考察的成果。

这次考察队规模比第一次更大，全队成员共计 120 人，包括各学科专家、学者，配备了 4 架飞机，加上第一次考察时留在小美国基地的 2 架，共有 6 架，其中一架是直升机，另外，还有 6 台拖拉机、150 只爱斯基摩狗和够用 15 个月的食品及燃料。

1934 年伯德重返鲸湾，重建了小美国基地。从这里出发，往东和往西考察飞行、测绘，扩大了早期发现的区域。这次考察发现了罗斯冰架上隐藏的覆冰高地，并把它命名为罗斯福岛。伯德第二次飞机考察的飞行航程共计 3.1 万千米，测绘面积达 116 万平方千米。在地面上，靠拖拉机牵引，一共行进了 2100 千米。科学家们观测了宇宙射线和高空气象现象，用回声测深法勘测了冰层厚度，从而断定大陆冰盖和罗斯冰障的大部分是在地面以上，罗斯海与威德尔海并不连通。

伯德这次考察的目标之一，是在南极内陆连续进行整个南极冬季的气象观测。因为以前在岸边考察的每支考察队，都深受内陆发生的恶劣天气的折磨之苦。

1934 年 3 月，陆上拖拉机拖着伯德建立"前进基地"的队员

你知道吗

直升机的工作原理

直升机发动机驱动旋翼提供升力，把直升机举托在空中，主发动机同时也输出动力至尾部的小螺旋桨，机载陀螺仪能侦测直升机回转角度并反馈至尾桨，通过调整小螺旋桨的螺距可以抵消大螺旋桨产生的不同转速下的反作用力。

向内陆挺进。由于天气条件和其他问题，迫使他们仅在离小美国基地160千米处，建立了他们的营地。由于冬天逼近，营建时间短，结果新建的前进基地比原计划要小得多。因此，伯德决定独自一人在地面以下建的2.7米宽、3.9米长的冰屋里过冬。

伯德独自一人在"冰晶宫"中住了6周后，开始感到有些不舒服，两眼发疼，看不清字样，头也有点晕。起初，他并不大介意，但后来就有些吃不消了。他反复找原因，可能是煤气在作怪。他仔细地检查了炉子，发现烟筒接头不严，而且烟囱出口被雪堵塞，经过修理之后，情况有些好转，但是，来自发电机的烟（含有一氧化碳）一再与他作对，几经修理，都无济于事。他开始周期性地失去知觉，也吃不下东西。但是，伯德是一位意志顽强的人，尽管他随时都可以与小美国基地进行无线电联系，可他始终没把自己危险的处境告诉他们，而且还坚持着进行气象记录。因为他不想叫人们冒南极极夜的危险来援救他。最后，是他那发给小美国基地的莫名其妙的电报引起了人们的警觉。于是，基地马上派出3人救护队，乘拖拉机摸黑行走了一个多月，在8月10日才找到伯德住的地下冰屋。一见到他，他们都惊呆了。他那凹陷的面颊，憔悴的表情，显然是经历了一场难以忍受的折磨。在3名救护人员的护理下，伯德逐渐地恢复了健康，他们3人和伯德一起在这个小屋里住了2个月，待南极极夜过去才离开这里回小美国基地。这种惊人的忍耐力，比得上沙克尔顿在1909年奔向南极点的艰苦努力，也比得上斯科特的决心。

知识小链接

电 报

电报通信是在1837年由美国莫尔斯首先试验成功的。电报是一种最早的、可靠的即时远距离通信方式，它是19世纪30年代在英国和美国发展起来的。电报信息通过专用的交换线路以电信号的方式发送出去，该信号用编码代替文字和数字，通常使用的编码是莫尔斯编码。现在，随着电话、传真等的普及应用，电报已很少被人使用了。

🔊 ◎ 伯德的第三次南极考察

1939～1941 年，在美国政府的支持下，伯德领导了第三次南极考察。值得注意的是，这次考察使用了一种独特的科学考察机械，名叫"雪上旅行者"，它长 16.75 米，宽 6 米，高 4.5 米，满载时重 33.5 吨，安装有直径 3 米的轮子，每个重 3 吨。该机械用柴油发电，顶上装一架小型的用于侦察的飞机。里面有生活住处、实验室、机械间，甚至暗室。它可携带行走 8000 千米用的燃料，飞机用的汽油和 4 人够用一年的食品。它实际上是一个小型的可移动的营地。人们对用它到达南极点抱有很大希望。波尔特负责把它从"北星"号辅助船运到罗斯冰架上。但是，令人遗憾的是，"雪上旅行者"向南极点只前进了 5 千米，因遇到 1.6 米高的雪脊，轮子就陷入雪中不动了，只得把它和飞机留在西基地。

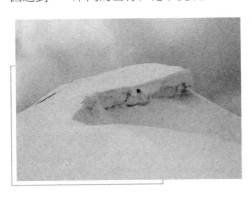

南极的雪脊

尽管这样，伯德的第三次考察还是成功的。他使用了两个基地，一个是赛普尔领导的小美国三号（西基地），另一个是布莱克领导的斯托宁顿岛（东基地）。他直接或间接负责的测绘区域，比任何其他南极探险家都大。考察队从东西基地进行了远距离的航空测量，三次飞过阿蒙森海中的大块浮冰，从而确定了埃尔斯沃思高地和沃尔格林海岸的位置。雪橇队到达了西南面的乔治六世海峡和威德尔海西南沿岸，进行了科学考察。在两个基地上，均进行了综合学科的科学考察。

📷 埃尔斯沃思富有戏剧性的飞行

在伯德进行南极探险的同时，美国人林肯·埃尔斯沃思也进行了一次当时最富有戏剧性的飞行。

林肯·埃尔斯沃思出生在美国一个非常富有的家庭，他继承了一个煤矿和一个瑞士城堡的财产。他喜欢土木工程和生物学。1926 年，他曾与阿蒙森一起乘飞艇飞过北极点。他把南极洲看成是一个世纪前的美国西部，而把自己想象为一个南极航空的"开拓者"。他崇拜怀亚特·厄普，并在床头保存着厄普的子弹带，在飞行时总把它带在身边。他曾写道："厄普在火热的时代，一开始就进入了美国西部地区，并且一直到西部热结束时才放下枪。"

1935 年，埃尔斯沃思与飞行员赫伯特·霍里克－凯尼恩一起，从南极半岛顶端的邓迪岛起飞，纵贯南极半岛和横穿西南极洲，飞到鲸湾东南 26 千米处。其航程长达 3700 千米，并且航行区绝大多数是人们一无所知的荒野。更重要的是，两架飞机在途中先后着陆 4 次，首次证实了飞机可以在南极大陆进行多种项目的考察作业，可以代替长距离的雪橇旅行考察。在飞行中，埃尔斯沃思发现了森蒂纳尔山脉和霍里克－凯尼恩高原。在他的第一营地处，他把西经 80°～120°的 906 万平方千米的陆地宣布为美国所有。

基本小知识

森蒂纳尔山脉

森蒂纳尔山脉意译为"哨兵山脉"，在西南极洲埃尔斯沃思高地上，即南纬 77°～78°，西经 86°～92°。其主脉呈东北－西南走向，北端的乌尔默山海拔 3810 米，有许多石山高峰突兀于冰原之上，形似哨兵。

1938 年，埃尔斯沃思乘"怀亚特·厄普"号船又来到南极洲，计划从恩德比地起飞，经过南极洲内陆到达南极点。但计划落了空，埃尔斯沃思只好驾船极力向海岸靠近，以便考察近海岛屿的地质。由于大块浮冰阻拦，缺少良好的基地地址和突然事件（包括一名海员从船上掉到水中），他决定迅速返回。然而，在向北返回之前，埃尔斯沃思在 1939 年 1 月 11 日完成了一次内陆飞行，往南飞到南纬 72°，他在那投下了一个领土要求的标记和一面旗子，为美国要求了大约 20 万平方千米的陆地，并且把它命名为"美国高地"。

▶ "跳高行动" 计划

　　所谓"跳高行动"，指的是美国在 1946 ~ 1947 年进行的要跳到世界最高的大陆上进行军事演习的计划。这次派出舰船共 13 艘，其中包括著名的"北风"号破冰船和 3.5 万吨的航空母舰，出动各种定翼飞机 19 架，直升机 7 架，履带式拖拉机、吉普车和开路车若干。参加的人员包括军人 4700 名，科学家和观察员 51 名。

　　这次行动的目的，是在南极环境下训练人员和武器装备；巩固和扩大美国在南极洲拥有的基地；海上基地位置的选择、建设、维修和使用；冰上、空中作战装备的应用与保护；确定要发展的技术；进一步了解水文、地理、地质、气象和电磁波在南极洲上空的传播。

基本
小知识

电磁波

　　电磁波，又称电磁辐射，由同相振荡且互相垂直的电场与磁场在空间中以波的形式移动，其传播方向垂直于电场与磁场构成的平面，可有效的传递能量和动量。电磁辐射可以按照频率分类，从低频率到高频率，包括有无线电波、微波、红外线、可见光、紫外光、X 射线和伽马射线等。人眼可接收到的电磁辐射，波长在 380 ~ 780 纳米，称为可见光。

　　美国虽让伯德担任这次行动的指挥，但其真正的指挥官是美国海军少将 R. H. 克鲁兹。克鲁兹曾在 1939 ~ 1941 年美国南极考察和第一次军事演习期间，担任"熊"号舰的指挥。这次行动，他启用了许多不熟悉南极环境的人，结果遇到了许多困难。一架巡逻飞机在乔治王岛上空坠毁，3 人遇难，这是发生在伯德考察队的首次死亡事故。

　　当时的美国代理国务卿迪安·艾奇逊要求考察队"采取适当的步骤，如把成文的主权要求存放在石堆里，空投装有主权要求的容器等"。据此，考察队在这一期间，总共设下了 68 个主权要求标记。

美国的这次考察，尽管主要目的是军事和政治上的，但在科学上的成果是惊人的。由于广泛地使用了飞机，这次考察对南极洲沿岸的 60% 进行了观测和摄影，其观测面积达 390 万平方千米，航空摄影 1.5 万千米，在 64 次航空飞行中，获侦察照片 7 万张，确定了 18 个山脉的地理位置，拍摄了印度洋下坡的两个无冰区。

"风车行动" 计划

虽然"跳高行动"在科学上取得了惊人的成果，但在某种意义上说是失败了，这是因为它仅完成了对南极洲 77.7 万平方千米的摄影，是这次考察目标的 1/4，而且，航空摄影的许多地区缺乏适当的地面控制点。因此，在 1947～1948 年，美国海军又进行了"风车行动"计划。这次考察的任务包括建立地面控制点，并继续进行航空测绘。代理国务卿罗伯特·洛维特重申了艾奇逊的领土要求政策。结果，考察队在考察期间又安放了 12 个领土要求标记。

在东南极洲沿岸，考察队力图到达传说中的温暖地方——班戈绿洲，这个地方是前一年班戈从飞机上看到的。考察队的破冰船向这个所谓的绿洲行进时，的确发现了连绵的温暖海岸，但它被大块浮冰所包围，从海上难以

你知道吗

班戈绿洲并无植被

在南极，所谓绿洲，并非是郁郁葱葱的树木花草之地，而是南极探险家、科学家由于长年累月在冰天雪地里工作，当他们发现没有冰雪覆盖的地方时，不禁倍感亲切，便将这些地方称为南极洲的绿洲。班戈绿洲的面积大约有 500 平方千米，常年刮风，吹起的沙石、雪粒，把岩石表面琢磨成许多很小的窟窿，像蜂窝一样。

接近。然而，考察队发现了附近的风车群岛和登陆良港文森尼湾。他们设立了 10 个地面控制点和三角测量网点，进行了海洋学观测、连续回声测深，绘制出冰的位置及类型图，并在陆上进行了生物学、地质学及气象学的观测。而随行直升飞机则用于地面指挥、冰情侦察、运送考察人员到海岸去考察。

▶ 其他国家的南极飞行

　　尽管伯德首次进行了飞越南极点的空中探险，但把飞机首先用于南极考察的不是美国人，而是英国的休伯特·威尔金斯爵士和卡尔·艾尔森。他们于 1928 年 11 月 26 日从欺骗岛驾机起飞，首次在南极半岛上空进行了长距离的飞行。他们根据空中观察和所拍摄的航空照片研究指出，在太平洋和威德尔海之间，至少有 4 条海峡。正当人们赞扬威尔金斯的发现时，鲁米尔警告说，那里常年被冰雪覆盖，低平的谷地中也都充满着厚厚的积雪，这就使人很难分辨出是低谷还是海峡。但是，威尔金斯的发现，直到 1936 年才被推翻，鲁米尔领导的一支英国探险队证实，那 4 条海峡并不存在。

　　挪威一位富翁克里斯滕森，在 1926～1937 年资助过许多南极探险队，他的大量财产都是从捕鲸业中得来的。他的这种做法是从其父那里学来的。早在 1892 年，其父就资助拉森驾驶"贾森"号船去威德尔海探险。克里斯滕森代表挪威的探险行动开始于 1927 年 12 月和 1929 年 2 月，分别在布韦岛和彼得一世岛登陆。虽然在此之前，已有探险队发现这两个岛屿，然而都被他宣布为挪威的南极领土。以后几年，挪威人把注意力主要集中于东经 20°～45° 的沿岸地区。在 1929～1930 年，他们对恩德比地和毛德皇后地的部分地区进行了航空考察，结果发现了玛莎公主海岸，并宣布了所有权。在挪威当局告知克里斯滕森，政府已经承认了英国对恩德比地的主权要求后，挪威对恩德比地的主权要求的声明才宣告作废。

基本小知识

恩德比地

恩德比地是南极洲的一部分地区，在毛德地和麦克-罗伯特孙地之间，即从印度洋的冰湾到爱德华八世湾的沿岸一带，在南纬67°30′、东经49°30′~57°20′。该地海岸陡峭，多山地，终年冰雪覆盖，且某些地段山体还在抬升，个别山峰达2300米。恩德比地多苔藓与企鹅。1830年英国人恩德比到达这里，故名。

在1933~1934年的南极夏季，克里斯滕森和米克里逊发现了利奥波德海岸，驾机航测了阿斯特里德海岸，并对莫森发现的麦克·罗伯逊地的部分地区进行了航空摄影。

在1934~1935年夏季，发现了英格里德、克里斯滕森海岸，并进行航空测量。1935年2月，挪威人在该海岸登陆，其中包括米克里孙夫人，她成了登上南极大陆的第一位女性。一年之后的2月4日，克里斯滕森夫人创造了比米克里孙夫人更好的成绩。她在这天的飞行中，发现了哈拉尔德王子海岸。这一连串的挪威探险行动，发现了2084海里长的南极海岸线，并航空测量了8万平方千米的南极大陆。除了在英格里德海岸和克里斯滕森海岸的三次登陆外，挪威人还从飞机上向各个地点投下了挪威国旗，这种方法成了后来宣布主权要求的一种常用手段。

在1938~1939年的南极夏季，阿尔弗雷德·里切尔率"施瓦本兰"号船计划到达南极大陆的格林威治经度区。德国这次南极航行的目的，在于为德国涉足南极，对南极大陆提出领土要求创造条件。里切尔利用船上的水上飞机完成了一次闪电式的飞行。在短短的3周中，里切尔取得了很大的成就。尽管其飞行的时间总共只有6天半，但对35万平方千米的陆地进行了航空摄影，并利用照相和观察手段对60万平方千米的地区进行了空中侦察，飞行距离达1.2万千米。同时，每隔25千米投下一面德国国旗。德国在对此航次的报道中，骄傲地声称：在对南极提出主权要求的国家中，没有一个国家能像德国这样，对其探险队所发现的陆地，了解得那样清楚、绘制得那样精确。

◩ 科学考察站

南极大陆未来的开发利用，已经为世界各国关注。各种瓜分南极的主张和借口也应运而生。其目的主要在于夺取南极大陆丰富的资源——尤其是能源。各国政府纷纷支持南极探险和考察，其重要目的之一就在于跻身南极，为未来着眼。

对探索与考察南极来说，最好的方法莫过于在南极设立科学考察站。这样，不仅会大大改善考察站里面工作人员的生活条件，使他们能够更集中精力进行南极考察，而且还能使考察的内容具有连续性和长期性。

目前，在南极设立了科学考察站的国家已经有二十多个，而这些国家在南极建立的科学考察站更是达到 150 多个。这些众多的考察站，根据其功能大体可分为：常年科学考察站、夏季科学考察站、无人自动观测站 3 类。其中，常年科学考察站有 50 多个；夏季科学考察站有 100 多个，经常使用的有70 ~ 80 个。

最早建立的科学考察站是阿根廷奥长达斯站，于 1904 年 2 月 24 日建成，位于南奥尼克群岛苏里岛的斯科舍湾，地理坐标为南纬 64°45′，西经 44°34′。规模最大的是美国麦克默多站，位于麦克默多海峡畔，海拔 31 米，地理坐标为南纬 77°51′，东经 166°37′。1956 年 2 月 16 日建站。站内各类建筑 200 多栋，建有洲际机场、大型海水淡化厂、大型综合修理厂、通讯网、医院、电话电报系统、俱乐部、电影院、商店等。有"南极第一城"的美称。南极大陆上的第一个常年科学考察站是澳大利亚的莫森站，也是南极圈以南开放时间最长的考察站，建于 1954 年 2 月 13 日，地理坐标为南纬 67°36′，东经 62°53′。位于南极点上的科学考察站是美国的阿蒙森 – 斯科特站，海拔 2900 米，

莫森站

地理坐标为南纬90°，1957年1月23日建成，每年有30多人在此越冬。建立在世界寒极的科学考察站是俄罗斯东方站，它是最靠近南极点的一个考察站，地理坐标为南纬78°28′，东经106°48′，建于1957年。1983年7月21日，该站日实测最低温度为－89.2℃，被称为南极的"寒极"。规模最小的是捷克人建立的捷克斯洛伐克站，建在南设得兰群岛的纳尔逊冰帽上，站内仅有两座不到10平方米的木板房，没有水、电、通讯设备，仅有2名队员度夏和越冬考察。

◎ 世界上最冷的地点——东方站

在所有南极考察站中，东方站是海拔最高的一个，也是最靠近南极点的一个考察站，海拔3600米。该站由前苏联1957年建成，现在属于俄罗斯。其位于南纬78°28′，东经106°48′，南极磁点附近。这里空气中的含氧量很低，相当于其他大陆5600米高的空气含氧量。

东方站位于南极洲最冷的地方，那里也是世界上最冷的地方。1983年7月2日，测得温度为－89.2℃，人们将那里称为南极的"寒极"；在那里冰川学家打出了世界最深的钻孔，深达2600米；由于那里气候酷寒而且风大，被称为南极不可接近地区。该站一般有30名左右的工作人员，主要

东方站全景

从事地球物理、高层大气物理、气象学、环境学和冰川学方面的研究。

南极洲是如此寒冷，在这里的大部分地区雪从来不会融化，泼水即成冰。该地区的平均温度大约是 −48.9℃，是地球上最寒冷的地方。寒冷的天气条件下履带牵引车有时会无法正常行驶，很难往东方站运送燃料和相关设备。出于节省开支等方面的考虑，科研人员曾经三次暂时关闭东方站。

◎ 最大的南极考察站——麦克默多站

在所有南极考察站中，美国麦克默多站是规模最大的一个。该站由美国于 1956 年建成，有各类建筑 200 多栋，包括 10 多座三层高的楼房。

麦克默多站是美国南极研究规划的管理中心，也是美国其他南极考察站的综合后勤支援基地。该站建有一个机场，可以起降大型客机，有通往新西兰的定期航班，此外，在站附近，有两座小型机场，大型综合修理工厂等。麦克默多站的通讯设施、医院、电话电报系统、俱乐部、电影院、商场一应俱全，仅酒吧就有 4 座之多。麦克默多站还有私人工程公司，在麦克默多站周围和较远处的各种实验室里，每年冬季有近 200 名，夏季有 2000 多名科学家在从事各学科的考察研究。每年在这里工作的来自世界各国的外籍科学家都在 20～50人。每年的夏季，一架架大型客机从美国、澳大利亚、新西兰等地把成千名游客运往这里，以观光南极洲的风景。麦克默多站的夏季，车水马龙，热闹非凡，就像一座现代化的城市，因此，人们也将麦克默多站称为"南极第一城"。

◎ 中国南极长城站

中国南极长城站建立于 1984 年 12 月 31 日，1985 年 2 月 20 日建成，是中国在南极建立的第一个科学考察站。该站位于南极洲西南，乔治王岛南部，即南纬 62°12′59″、西经 58°57′52″。

乔治王岛是南设得兰群岛中最大的一个岛屿，全岛 85% 的面积为冰雪覆盖，所处位置为南极洲的低纬地区，四周环海，具有南极洲海洋性气候特点，

你知道吗

天气预报中所说的气温是怎样测定的

天气预报中所说的气温，指在野外空气流通、不受太阳直射下测得的空气温度（一般在百叶箱内测定）。最高气温是一日内气温的最高值，一般出现在14－15时，最低气温一般出现在早晨5－6时。中国用摄氏温标，以℃表示摄氏度。一般一天观测4次，部分测站根据实际情况，一天观测3次。

被称为南极洲的"热带"，年平均气温－2.8℃，最暖月1月平均气温约1.5℃，绝对最高气温可达13℃；最冷月8月平均气温约－7.8℃，绝对最低气温－28.5℃。该岛年降水量为550毫米，年平均风速7.2米/秒，全年风速超过10米/秒的大风天数为205天。它处在南极半岛与南美大陆间的多气旋地带，天气变化剧烈，加之这里天气较暖和，降水较多，冰雪的年积累量和消融量都较大，冰流速度较快，冰川进退所反映的气候变化更为明显。乔治王岛位于南极洲板块、南美洲板块和太平洋板块的交会地带，现代火山和地震活动频繁，成为研究地壳构造、岩浆活动、地震成因、大气环流的变化和气候演进规律的良好场所。

中国南极长城站站区南北长2千米，东西宽1.26千米，占地面积2.52平方千米，平均海拔高度10米。在中国南极长城站附近有一个很大的滩涂，地衣、苔藓、藻类植物生长茂盛，并且生长着南极洲仅有的4种显花植物。站区沿海地带是企鹅、海鸟和海豹的栖息场所和繁殖地，被称为南极洲的绿洲，是研究南极洲生态系统及生物资源的理想之地。

长城站周围分布有智利、阿根廷、俄罗斯、波兰、巴西、乌拉圭等国家的科学考察站，其中距智利的马尔什基地仅2.7千

乔治王岛

米。长城站自建站以来，经过扩建，现已初具规模，建筑总面积达 4200 平方米。从 1986 年 9 月起，南极长城站气象站已作为南极地区 32 个基本站之一，正式加入国际气象监视网。2009 年 1 月 1 日南极长城卫星网络通讯系统建成使用。

◎ 中国南极中山站

中国南极中山站建成于 1989 年 2 月 26 日，位于东南极大陆伊丽莎白公主地拉斯曼丘陵的维斯托登半岛上。南极站的地理坐标为南纬 69°22′24″、东经 76°22′40″。

中山站所在的拉斯曼丘陵，地处南极圈之内，位于普里兹湾东南沿岸，西南距艾默里冰架和查尔斯王子山脉几百千米，是进行南极海洋和大陆科学考察的理想区域。

中山站位于南极大陆沿海，气象要素的变化与长城站差别较大，比长城站寒冷干燥，更具备南极极地气候特点。中山站年平均气温 –10℃ 左右，极端最低温度达 –36.4℃；中山站地区受来自大陆冰盖的下降风影响，常吹东南偏东风，8 级以上大风天数达 174 天，极大风速为 43.6 米/秒；降水天

中国南极中山站

数 162 天，年平均湿度 54%，全年晴天的天数要比长城站多得多。中山站有极昼和极夜现象，连续白昼时间 54 天，连续黑夜时间 58 天。

中山站设有实验室，配备有相应的分析仪器设备，可供科学考察人员对现场资料和样品进行初步分析研究。站上的气象观测场、固体潮观测室、地震地磁绝对值观测室、高空大气物理观测室等均配备有相应的科学观测设备

和仪器。中国南极考察队员在中山站全年进行的常规观测项目有气象、电离层、高层大气物理、地磁和地震等。

◎ 中国南极昆仑站

中国南极昆仑站是中国首个南极内陆科学考察站。其位置为南纬80°25′，东经77°06′，高程4087米，位于南极内陆冰盖最高点冰穹A西南方向约7.3千米。这也是中国继在南极建立长城站、中山站以来，建立的第三个南极科学考察站。昆仑站于2009年1月27日胜利建成，成为世界第六座南极内陆站。

昆仑站的建成，对南极科考有着重大的意义。

从科学考察角度看，南极有4个最有地理价值的点，即极点、冰点（即南极气温最低点）、磁点和高点。此前，美国在极点建立了阿蒙森－斯科特站，俄罗斯人的东方站位于冰点之上，磁点则是法国与意大利联合建造的迪蒙迪维尔站，只有冰盖高点冰穹A尚未建立科考站。

冰穹A地区所具有的特殊地理和自然条件，使其成为一系列科学研究的理想之地。冰穹A地区是国际公认最合适的深冰芯钻取地点。此外，冰穹A位于臭氧层空洞的中心位置，是探测臭氧层空洞变化的最佳区域。

基本小知识

迪蒙·迪尔维尔

迪蒙·迪尔维尔（1790—1842），法国航海家。1820年在对地中海东部进行海图测量时，帮助法国政府对当年在爱琴海的米罗斯岛出土的著名维纳斯雕像取得了所有权。1822年参加环球航行。1827年进行了南太平洋航行和考察。1829年提升为舰长后，于1830年8月运送流放的国王查理十世去英国。1842年，在一次火车事故中与妻、子一同遇难

冰穹A地区也是进行天文观测的最佳场所。它有3~4个月的连续观测机会和风速较低等条件，被国际天文界公认为地球上最好的天文台址。

冰穹A地区还是南极地质研究最具挑战意义的地方。东南极冰下基岩最

高点的"甘伯采夫"冰下山脉,是形成冰穹 A 的直接地貌原因,由于其海拔高度近 4000 米,是国际公认的南极内陆冰盖中直接获取地质样品的最有利和最有意义的地点。

2005 年 1 月 18 日,中国第 22 次南极考察队从陆路实现了人类首次登顶冰穹 A。同年 11 月,中国又首次对中山站与冰穹 A 之间的格罗夫山地区进行为期 130 天的科学考察活动。由于率先完成冰穹 A 和格罗夫山区的考察,中国最终取得了国际南极事务委员会的同意,在冰穹 A 建立科学考察站。

中国南极昆仑站

另外,中国筹建内陆科考站时,充分考虑了环境因素的影响,对科考站的建设和运行进行了全面的环境影响分析评估,并制定了相关的环保措施和应急预案,确保在发挥科考站科学平台价值和满足队员工作生活需求的同时,尽可能减少内陆站建设对环境的影响。

昆仑站主体建筑面积约 230 平方米,包括宿舍、医务室、科学观测场所、厨房、浴室、厕所、污水处理场所、发电机房、锅炉房、制氧机房和库房等。其主体建筑主要采用模块化或集装箱式建筑构件组装而成,这样就大大减少现场的安装工作量。同时考虑昆仑站周围都是无人区,景观极其单调,给人一种与世隔绝的感觉,这对人的心理是一种严峻挑战,因此在房屋设计上,科考站的室内设计与家具的选用多采用温暖、艳丽的色彩,尽可能弥补环境对人心理造成的影响。

在保证公共空间的同时,设计师也给每个驻站人员留出了基本的私密空间。昆仑站共有 10 间宿舍,每间约 5 平方米,只能住 2 人,基本可以保证队员之间互不干扰。此外,昆仑站主体建筑内设置有供氧终端。科考队员通过它可以补充氧气,缓解缺氧造成的不适。

人类在南极的生活

　　南极是唯一没有人类生活的大陆，本章所谓的人类生活是指到南极考察的科考人员的生活。目前已有二十多个国家在南极设立了 150 多个科学考察基地。这些众多的考察站，根据其功能大体可分为：常年科学考察站、夏季科学考察站、无人自动观测站三类。在南极这样严酷的环境中生活，要克服许多常人难以想象的困难：这里的天气是难以捉摸的，要面对长达数月的黑夜，穿衣这样的小事在这里也成了大事，还要当心来自冰原的危险。尽管严寒、狂风、冰雪等各种恶劣的自然条件严重地限制了人们在南极的活动，并时时威胁着人们的生命，但随着科技的发展，人们也会有越来越多的好办法来对付它们。

驱散极夜的灯光

南极的自然环境是严酷的，到处都是一片白茫茫的雪原，风几乎无时无刻不在吼叫着，气温经常要降到 -60℃以下。这也难怪，英国的探险家斯科特到达南极极点的时候，在日记上写下了这样一句话："天啊，这是多么可怕的地方啊！"可以说，在南极大陆的任何地方，如果没有特殊的装备和住房的话，人类是不能生存下来的。

那些捕捉海豹和鲸的人是最早到达南极四周海区活动的人。他们都在南半球的春季来到这里，经过紧张的夏季捕捞活动，到了秋季，就要赶紧扬帆北去。因为他们知道，只要冬季一到，南极附近海面上就会被厚厚的浮冰拥挤着，一不留神，就有连人带船都要被冻在海里的危险。除了这些，最使他们恐惧的是漫长的极夜。在这漆黑的极夜里，究竟会发生什么危险谁也不能预料得到。很难想象，在完全没有阳光的漫长日子里，人们该怎样生活。

1899 年，挪威人博尔·赫格列文克准备尝试一下在南极度过长夜漫漫的冬季的滋味。于是，他率领 9 个同伴，乘坐一艘帆船，在罗斯海西侧登陆，在荒凉的海滩上建起了简易的木棚。在漫漫极夜里，人类点燃的暗淡的烛光第一次照亮了南极大陆。

赫格列文克等人在南极大陆上逗留了将近 1 年的时间。在此期间，除了一位动物学家不幸去世以外，其余的人都没有发生意外。第一次在南极过冬竟然如此顺利，完全出乎了人们的意料。

博尔·赫格列文克率领的是一支科学考察队。在过冬期间，他们一直坚持着气象、地磁等方面的观测，对南极极夜酷寒、多风的天气都做了详细的记录，为人们了解南极的冬夜提供了第一批科学资料。然而，他们最大的贡献还是这次活动的本身。这实际上是在告诉人们和自然界：南极的冬夜并不太可怕。

在他们此次之行后不久，那些热衷于南极探险的人们就开始蜂拥探险南极了。

科学发展到了今天，当前在南极过冬度过极夜的条件远远比一百多年前的情况要好得多了。科学站的房屋不仅宽敞，而且具有很强的抗风、保暖能力。对于极夜的黑暗，充足的电力供应已经能够远远地将它们驱散开去，使各项观测实验工作可以照常进行。灯光又是人工调节日夜的最好的工具。开关一开，灯光照亮了房间，一天的工作开始了；当一天的工作结束以后，休息的时间到了，人们就将灯光关闭。

有时候，人们还用太阳灯照射身体，以弥补长期不见太阳的不足。

知识小链接

太阳灯

太阳灯是一种卤族元素灯，有碘钨灯、长弧氙灯。因其光照度高，又称太阳灯。其主要特点是：高亮度；日光色，色温接近 6000K；在可见光区连续光谱；高显色性（显色指数大于 95）；在整个寿命期内维持光色特性；高电弧稳定性。

尽管条件有了很大的改善，可极夜里的生活毕竟还是十分艰苦、十分乏味的。但是，随着科学技术的不断进步，我们相信极夜将不会成为人们在南极生活的障碍。

◆ 最危险的敌人——严寒

对于在南极生活的人类来说，其最大的威胁莫过于严寒。严寒给工作带来了许多意外的困难。

在南极，如果把一桶汽油放在外面的话，第二天汽油就会变成"冰"。只有将它加热融化才能用。而在南极飞行的飞机，行驶在冰原上的牵引车，在开动前也都要事先预热才行。

对于放在房屋过道里的汽油，使用的时候也必须小心才行。如果不小心让它们溅到手上、脸上，很可能会造成严重的冻伤。这是因为汽油的冰点在 $-130℃ \sim -50℃$，哪怕是还没有结冰，其温度也是十分低的。

另外低温还会使各种机件失灵，使金属材料变脆。在露天工作的时候，不能让机械手表暴露在空气中，因为低温能使手表里的机油凝固，很快就会停下来。

在通常情况下，雪是润滑的。但是在南极如此低温的情况下，雪也会失去它的特性，变得像沙子一样地粗糙。这样，雪橇、滑雪板滑行的时候，也就不像在其他大陆的雪地上那样快速。

南极的低温给在那里生活的人们带来了极大的威胁。如果人类在室外工作，不管身体的哪一部位暴露出来，就会被冻伤。尤其是耳朵、鼻子、面颊、手指和脚趾等离心脏比较远的地方更容易受到伤害。当人最初被冻伤后，皮肤出现黄色或者其他颜色的斑状冻伤，接着渐渐变紫，肿起水泡，以致整个组织坏死。

在过度疲劳或饮食不足的情况下，特别当身体感觉不大舒服的时候，如果外出活动，往往会造成全身冻僵、皮肤青白、嘴唇和四肢青紫，甚至失去知觉。如不及时抢救，就会有生命危险。

身上的衣服如果被弄湿了，那么冻伤的危险性就更大了。许多在南极工作的人们，常因为手套里或皮靴里的汗不能蒸发出去，里面潮湿，冻伤了手脚。就是在室内，由于睡袋里的温度高，室内温度低，也会使睡在睡袋里的人们感到潮湿

拓展阅读

雪橇运动

雪橇运动是滑雪运动项目之一，是一种乘木制或金属制的双橇滑板在专设的冰雪线路上作高速滑降、回转的运动。雪橇可分无舵和有舵、单橇和宽橇、骑式和卧式等。

难忍。

为了抵抗严寒，在南极工作的人们必须吃脂肪含量高的食物，来补充热量的消耗。有人曾经在极地做过一个有趣的实验：一个人主要吃肉饼，一个人主要吃饼干，一个人各吃一半，到了第二个星期以后，第一个人和第三个人的健康状况良好，第二个人因为主要吃含热量较低的饼干，一再受到冻伤。

👁️ 难以捉摸的天气

在南极，变幻莫测的天气也给工作带来极大的困难。

即使在南极的夏天，风暴也常常突然到来，把正在野外工作的人们困在现场，几天不能返回营地。有时候，探险队看见天气晴朗，风和日丽，就打算深入南极进行考察。可是，正当他们准备出发时，突然狂风从大陆内地吹来，天空骤然变暗，暴风雪铺天盖地而来，结果原订的考察计划只好中止。

在南极，常常出现的"乳白天空"，对科学考察的人员也是一种威胁：狂风卷起满天冰晶，太阳光透过冰晶，反复地反射和折射，形成了日晕现象。有时候，冰晶使天空变成白茫茫一片，看不见远山，看不见地平线，甚至对面看不见人。行进中的考察队员就会迷失方向；开着牵引车的拖拉机手可能把车开翻；在空中飞行的飞机，由于无法靠地物辨别是上升还是下降，可能弄得机毁人亡。所以，南极的科学考察队员们一般不单独外出。出去的时候，都要做好在野外露宿的各种准备：带上几天的食物，简易的防寒帐篷，还必须带上无线电收发报机，以防万一发生意外能跟基地取得联系。

即使人们不外出，躲在营房里，南极的天气也使人不得安宁。一夜的暴风雪就可以把整个营地埋在一片雪海之中，房门被堵塞了，为了到外边去进行观测，人们不得不全体动员，出动所有的扫雪车、推雪机进行清扫工作，有时候忙碌一整天才能搞干净。

 来自冰原的危险

在南极广袤无边的冰盖上，深不可测的裂隙和洞穴随处都可能碰到。这些裂隙有的很长，长达几十千米，有的很宽，足足有一幢楼的宽度。更让人心惊的是，这些裂隙常常被薄而松软的表层雪覆盖着，使人们很难发现。如果踩在上面，一下子就会跌进冰的深渊。有时候，挂着十几只狗的雪橇和大型的拖拉机，也同样会陷落到冰裂缝中，遭到不幸。

冰裂缝主要分布在南极大陆边缘的冰川地带。在冰架和冰舌的前缘还有一种被海豹啃开的冰洞，如果不注意碰上了它，也有使你掉进冰冷的海水里去的危险。

为了避免这些危险的发生，在南极工作的考察队员，走在危险地区的时候，都要用绳子互相连接起来。这样，若有人失足，其他队员可以靠连接的绳索把他从死亡线上拉回来。

拓展阅读

冰 期

冰期是地球表面覆盖有大规模冰川的地质时期。两次冰期之间为一相对温暖时期，称为间冰期。地球历史上曾发生过多次冰期，最近一次是第四纪冰期。地球在40多亿年的历史中，曾出现过多次显著降温变冷，形成冰期。

另外，还有一种战胜裂隙的有力武器，就是绑在脚上的长长的滑雪板。早期到南极探险的人员，在许多次危急关头，往往是这种很普通的滑雪板将他们从死亡的边缘拉回来的。现在，虽然飞机和拖拉机可以帮助人们完成艰苦的极地行军，但是在短途旅行中滑雪板还是不可缺少的交通工具。

在冰架或冰舌边缘活动，或者轮船停靠在冰架边缘卸货的时候，即使没

有裂隙也要小心。因为，海冰和陆缘冰随时可能裂开，把人或货物带到海洋里去。1957 年，前苏联的大型考察船"鄂毕"号正靠在海岸旁的陆缘冰边上卸货。突然狂风大作，结果堆满物资、器材的陆缘冰被海浪冲开，变成了浮冰，向深海漂去。这次事故，使前苏联考察队损失了一架飞机、一些拖拉机、雪橇和大量物资。

所以，在南极生活的人们，一定要小心来自裂隙的威胁。

◥ 穿衣也是大事

在我们平时的日常生活中，穿衣是最普通的一件事情了。但是，对在南极这样寒冷的天气里生活和工作的人们来说，穿衣却是一件大事。如果没有保暖好、轻便合身的防寒服装是非常危险的。

为了设计、制作一种合适的极地服装，人们往往要花费很多精力。选用什么样的衣料，做成什么样子，都不是可以随便对待的小事情，都需要人们的精挑细选。

有人认为，衣服穿得越多、包得越严实，就越保暖。但事实证明，这种想法是不全面的。人们最初到极地去探险的时候，为了防寒，常常一层又一层地把衣服加上去，结果，不仅弄得笨重不堪，几乎无法走路，而且由于裹得过于严实，一点热气也跑不出去，结果活动的时候满身流汗，弄得衣服里潮湿难耐，一停下来，又会冻得发抖。

后来，人们渐渐明白了，衣服不能做得太紧，只有这样，衣服里温度太高的时候，才能发散热气，保持内衣既温暖又干燥。对于这个问题，生活在北极圈里的爱斯基摩人早就已经给予了解决。为了在严寒的环境里生活和自由地从事渔猎活动，爱斯基摩人穿着自己缝制的带有连衣帽的短皮外套和双层保暖皮靴，这套服装既轻便保暖，又能发散多余的热气。

当前，参加南极考察活动的一些国家，已经制作出各种新式的防寒服装：

蜂窝织纹的保暖内衣，尼龙绝热风雪大衣和裤子，针织羊毛帽，有电热设备的长靴等，几乎应有尽有。随着科学技术的不断发展，一定会出现越来越多的极地服装来满足在极地生活的人们的需要。

知识小链接

尼 龙

1938 年 10 月 27 日世界上第一种合成纤维诞生了，并将聚酰胺 66 这种合成纤维命名为尼龙。尼龙后来在英语中成了"从煤、空气、水或其他物质合成的，具有耐磨性和柔韧性，类似蛋白质化学结构的所有聚酰胺的总称"。尼龙是美国科学家卡罗瑟斯研制出来的。尼龙的出现使纺织品的面貌焕然一新，它的合成是合成纤维工业的重大突破，同时也是高分子化学的一个重要里程碑。

南极的交通工具

爱斯基摩狗

在早期南极探险活动中，爱斯基摩狗是最有用的交通工具。它们拉着装载食物、帐篷的雪橇，和探险队员们一起，行进在南极雪原之上。可以说，早期极地探险活动是和狗分不开的。即使是今天，人类进行极地活动时仍然离不开狗的帮助。

爱斯基摩狗最早生活在北极圈以内，是由爱斯基摩人豢养的一种狗。这种狗除了身上披满长而密的茸毛，长得比较粗壮以外，跟一般的家犬十分相像。但是，它们的耐寒和负重的能力，是一般家犬望尘莫及的。在 −50℃ 的风雪严寒天气里，它们可以行动自如，就是被大雪埋住了，只要露出脑袋，依然能安然酣睡。在冰天雪地里，它们也能照常的怀孕、分娩，生下一窝窝胖乎乎的小狗。

一只成年的爱斯基摩狗可以拉动几十千克的雪橇。一套 8 条狗的雪橇可以拖拽几百千克重的货物，连续在雪地里行走十几个小时，每小时的速度可达 10 千米。

基本小知识

爱斯基摩狗

爱斯基摩狗刚强，适合寒冷的地方，以能工作而出名。它毛很刚硬，在冰上能拖拽有重物的雪橇，也被用来狩猎，是严寒地带既积极又勤奋的工作犬。爱斯基摩狗的原产地是格陵兰岛的拉布拉德尔和北极极点。

这种狗对食物要求不高。冻得像石头似的海豹肉是它们最好的美餐，遍地的积雪是它们现成的饮料。

爱斯基摩狗在早期探险活动中立下了汗马功劳。之后，人们开始利用更先进的交通工具探索南极。

20 世纪初，沙克尔顿探险队最早把汽车送上南极。他们把一种老式载重汽车运到了罗斯冰架上，结果走不到几十米，车轮就深深地陷到雪地里，再也开不动了。

20 世纪中期，各南极探险队普遍采用一种由大型履带拖拉机改装的牵引车进行南极探险，因为履带和雪地的接触面大，既可以防止下陷，也可以减少打滑，所以它是跨越南极雪原的很好的交通工具。

1958 年，英国的牵引车队从威德尔海岸出发，经过南极极点，横跨南极大陆，到达罗斯海岸，行程 3000 多千米，历时近 100 天。为了顺利通过南极大陆，牵引车前面有侦察机为之探路，车身前面还装有自动探测冰下裂隙的电子仪器，只要前方一出现冰裂隙，红灯立即亮起，司机马上停车。牵引车后面拖着像房子一样的雪橇拖车，探险人员可以在里面吃饭睡觉。

20 世纪 20 年代末，飞机开始应用在南极探险上。这是一种最适合极地工作的交通工具。大型运输机可以从新西兰等地起飞，一直飞到罗斯海边上的美国麦克默多科学站，那里设有冰上简易机场。每年夏天，都有这种运输机带着急需物资和科学人员在这里降落。再用轻便的直升机运送人员进入南极内陆。直升机灵活、迅速，只要天气允许就可以起飞。

飞机又是科学调查的重要工具。南极地面的大比例尺地图，几乎都是用航空摄影方法制作的。航摄飞机拍摄的地面照片，是研究南极最基础的一种资料。

极地地方病

南极大陆上的严寒，是一种天然的"灭菌剂"，它使人类生病的各种细菌和病毒在那里很难生存。据说，到南极过冬的人们几乎没有发生过流行性感冒，其他传染病也没有发生过。

但是，南极却有它自己的"地方病"。

拓展阅读

古籍中对坏血病的描述

古籍中对坏血病较为明确的描述，是在中世纪十字军东征的记录中。在15世纪末，坏血病也是许多航海员长期卧床的原因。1753年，苏格兰海军军医詹姆斯·林德发现此病与饮食有关，并经由英格兰探险家詹姆斯·库克进一步引证，发现饮用橘子汁、柠檬汁后，可治疗和预防坏血病。

坏血病是最早被人们发现的是疾病之一。人一般得了这种病的，开始感觉疲乏，关节疼痛，呼吸短促，然后体重逐渐减轻，面色苍白，四肢浮肿，牙齿也变得又松又脆。到了最严重的时候，就引起体内、体外出血不止，以致死亡。

19世纪，在猎捕海豹和鲸的船上人们常常患这种疾病。但是，人们当时不了解造成坏血病的真正原因。因为他们长期食用冻肉、腌鱼之类不新鲜的食物，所以他们就推测，一定是在腐肉中有一种"尸毒"，引起了这种可怕的病。

但是渐渐地，人们知道了腐肉中根本就没有什么"尸毒"。患败血症的主要原因是由于长期吃不到新鲜蔬菜和水果，人体内部严重缺乏维生素 D 造成的。坏血病实际上就是维生素 D 缺少症。只要吃一些普通蔬菜，比如卷心菜、西红柿、马铃薯等就能把病治好。

现在，南极考察人员的食物都是经过营养学专家们精心安排的，所以坏血病在南极已经成为历史了。

在南极进行科学考察或生活的人们还常常患有一种风湿症。以前，人们长期住在阴冷、潮湿的木棚里，这种疾病几乎无法避免。现在，南极科学站的居住条件已经得到很大改善，患风湿症的病人也少得多了。

现在，各种疾病都有了有效的预防和治疗方法，在南极工作的人员基本上摆脱了疾病的折磨。

但是，漫长漆黑的极夜，单调孤独的生活，对一个刚到南极过冬的人来讲，这种环境本身就是一种很大的考验。即使是身体相当健康的小伙子，也会感到头痛、失眠、气促、心跳加速，严重的会引起血压降低、食欲下降、体重减轻等。但是，这种情况一般经过几个月就会过去，身体也会慢慢地复原。每当极夜过去以后，太阳又重新回到极地上空的时候，这些症状就会自然消失。

➡️ 住处也十分关键

在南极探险的年代里，探险队总是把帐篷放在自己的雪橇上，到了宿营地就支起帐篷住宿。这种帐篷相当简陋。每天下来，几个人挤在一个小小的帐篷里，冷风不断地从外边钻进来，如果没有一种大无畏的冒险精神几乎是无法忍受的。

所以，要想在南极进行长期的生活和工作，有一个条件比较好的住处是

十分重要的。

但是，要知道，在南极这样极度酷寒的环境里，哪怕是建造一座普通的住宅也是非常困难的。不用说，正常的施工无法进行，就是建筑材料也不能就地取材，全部要由其他大陆千里迢迢运来。

但是，人们也尝试着利用南极当地的材料建造房屋。

1962年，在西南极中心的一个科学站曾经试验过在冰下挖洞，建造可以住人的房屋。他们在冰下开挖了一条隧道，隧道里可容纳50人居住，上面铺上钢制的拱顶，最后再把雪吹到拱顶上，成了隧道的顶盖。

这种建筑物具有很好的防风保温能力，不怕被雪掩埋。但是，其危险也是存在的，因为冰体是会移动的，它产生的巨大压力，可以把粗大的钢梁拧成麻花。人们尽管做了种种努力，还是把这所"房屋"放弃了。

现在，南极科学站普遍采用预制的活动房屋。

在建造房屋之前，人们首先要精心设计好图纸，然后再根据图纸做成木制的墙板和顶板。运到南极后再把它们装配成各种用途的房间。因为构筑房屋的板料整齐划一，装配起来十分方便。不要什么特殊的工具，几个人就可以拼造出一间房子。

特制的木板具有良好的绝热、抗风性能，房间也相当宽敞、舒适。人们在南极用这种方法建成了大量房子。有的科学站基地拥有上百所各种木板房子，房子之间有大街，街上有邮局、洗衣店、消费合作社、电台，还有以原子能为燃料的小型电站，完全像一座微型的城市。

防止火灾的发生

南极大陆虽然大部分为冰雪所覆盖，但也是地球上最干燥的大陆。尽管很多人难以相信这个千真万确的事实。南极大陆的年平均降水量仅有30～50毫米，越往大陆内部，降水量越少，南极点附近只有3毫米。其降水量之少，空气之干燥超过了撒哈拉大沙漠。

知识小链接

撒哈拉沙漠

　　撒哈拉沙漠是世界最大的沙漠，几乎占据整个非洲北部，总面积约九百多万平方千米。撒哈拉沙漠干旱地貌类型多种多样，由石漠（岩漠）、砾漠和沙漠组成。石漠多分布在撒哈拉中部和东部地势较高的地区，尼罗河以东的努比亚沙漠主要也是石漠。砾漠多见于石漠与沙漠之间，主要分布在利比亚沙漠的石质地区、阿特拉斯山、库西山等山前冲积扇地带。沙漠的面积最为广阔，除少数较高的山地、高原外，到处都有大面积分布。

　　南极大陆到处是冰雪，但空气中的水分却很少。实验证明，1立方米的空气，在40℃的时候，要含51克水蒸气，才能达到饱和状态；可是，在30℃时，只含不到5克的水蒸气就达到了饱和状态；到-40℃时，含0.1克的水蒸气就已经饱和了。可见到了-89℃时，空气中的水蒸气含量少得简直微乎其微了。

　　南极洲的降水大都是固体状态的雪。由于气温很低，风又大，空气中的水分形成不了液体的雨，而只能以降雪的形式出现。南极的雪很大，那才是真正的鹅毛大雪。有时气温低得使雪花变成了细小的冰晶，再加上大风，冰晶飞扬，天空一片银白色。这个时候冰晶扑打在面颊上，就像有人用一把沙子打在脸上那样刺痛。

　　在南极降水量较多的地方是沿海地区，年平均降水量有200～500毫米，而南极半岛的尖端，尤其是南设得兰群岛地区降水量比较多，在夏季期间有时下雨，或为雨夹雪。

　　由于南极大陆十分干燥，考察站的防火问题就成了一个重要的问题。如果南极考察站的房屋发生火灾，要想扑灭是非常困难的。俄罗斯东方站、日本昭和站、阿根廷马兰比奥站、澳大利亚凯西站等，都发生过严重的火灾。1987年7月的一天夜里，智利马尔什基地新建成的一栋队员宿舍因火灾而被烧光，结果1人被烧死，5人被烧伤，损失惨重。那场火灾发生时，周围的友邻站，如俄罗斯别林斯高晋站、中国长城站的队员都赶往救火，但因为没有足够的水，对灭火只能无能为力，只能帮助抢救队员、物资和防止火势向四周蔓延。

目前，各国考察站从设备到建筑都采取了防火措施。一方面建筑材料要尽可能使用防火材料，或经防火处理的材料；另一方面房屋要分群建立，错落有致；易燃的油库、化学药品和实验室要与居住区隔离 50 ~ 100 米以上。这样一旦一处失火，也不致殃及其他建筑。同时，考察站要建有防火警报系统，还要加强考察站的管理，使全体人员具备防火知识和自觉遵守站区的管理规定。

科学的力量

在南极，尽管严寒、狂风、冰雪等各种极为不利的自然条件严重地制约着在南极生活的人们的行动，威胁着人们的生命，但是，随着科学技术的发展，人们就会有更多更好的办法来对付它们。对于这一点，只要回顾一下短短几十年的南极考察历史就可以明白。

在 18 世纪，帆船还是海上的主要交通运输工具，人们要想进入南极是极其困难和危险的。可是今天，在破冰船的引导下，夏季在南极海区航行几乎可说是畅通无阻。

将飞机应用到南极探险后，人们的活动就更方便了。从新西兰南岛上起飞的远程运输机，只要几个小时就可以飞到目前南极最大的科学考察基地——美国的麦克默多站。夏天，这条航线相当繁忙，来自各国的上百名科学家和成千吨货物，都是通过这条航线直飞南极的。

从麦克默多站到南极极点的阿蒙森－斯科特站，乘坐飞机飞行的话只需要 3 个小时。而仅仅在 60 多年前，阿蒙森和斯科特为了到达南极极点，花费了几十天的时间，斯科特还付出了生命的代价。

可以说，随着科学技术的发展，人类征服南极的步子越迈越大了。

南极与人类

　　南极虽在地球的最南端，与人类密集的区域相距遥远，但二者互相影响。南极大陆冰盖调节着全球的热量平衡，影响着全球的气候。铁矿是南极大陆所发现的储量最大的矿产，主要位于东南极洲。在南极大陆上发现的煤田很多，而且许多煤层直接露出地表，南极横贯山脉的煤田可能是世界上最大的煤田。南极的有色金属与贵金属矿产，经过地质学家们多年的考察研究，已初步发现了它们的分布规律。南极洲冰的总量达 2261 万立方千米，是世界可用淡水的 72% ，为此，南极地区在将来可能成为世界上没有污染的最大实用淡水源。

大陆冰盖与气候

南极大陆冰盖是地球上最大的冰盖，占世界总冰量的 90% 。冰盖是地球上的主要冷源，它像一座巨大的冷凝器，安置在地球的最南端，冷却着从赤道来的热空气，调节着全球的热量平衡，影响着全球的气候。有人把南极洲称为"天气制造厂"，一点也不过分。

地球上的大气在川流不息地运动着、变化着，其流动的总趋势是从赤道流向两极，又从两极流向赤道，不断循环往复。

拓展阅读

太阳能

太阳能一般是指太阳光的辐射能量，在现代一般用作发电。人类所需能量的绝大部分都直接或间接地来自太阳。各种植物通过光合作用把太阳能转变成化学能在植物体内贮存下来。煤炭、石油、天然气等化石燃料也是由古代埋在地下的动植物经过漫长的地质年代形成的，它们实质上是由古代生物固定下来的太阳能。

驱动全球大气循环的动力是太阳热能。太阳把热能送向大地，但大地接收到的太阳热能是不均匀的，赤道附近地区接收的热量多、温度高，两极接收的热量少、温度低。赤道和两极之间的温差可达 100℃ ！这是由于阳光照射时间长短的不同，光线角度大小的不同而形成的。赤道上空的大气受热膨胀上升，流向两极，在两极冷却下沉，再返回赤道，形成全球的大气环流。但是，如果没有两极的温差，就不可能有大气环流。

南极洲的气候既不是海洋性气候，也不是大陆性气候，它是一种独特的极地大陆冰气候。它的主要特点是低温严寒，无论是暖季和寒季，气温都比较低。整个南极大陆的年平均气温比北极低 12℃ 之多。

南极洲如此寒冷，大陆冰盖起着决定性作用。南极冰盖覆盖在整个南极大陆。冰盖反射了太阳热，也隔绝了下垫面与大气之间的热交换。大气主要是通过下垫面来进行加热的，南极的冰盖使大气获得的热量大大减小。结果，冰雪堆积愈多，气温降低愈甚；而气温越低，也愈有利于冰雪的维持。它们之间存在着反馈作用。

另外，融化冰雪也需要吸收大量的潜热。据统计，一年中南极浮冰区面积的变化大约是北极的 7 倍。在最冷的季节，南极海冰面积大约为 2000 多万平方千米，而在暖季末，南极海冰面积缩小到几百万平方千米。当这么多的冰雪融化时，吸收的潜热是很可观的。这些潜热一部分从海洋中索取，另一部分要从大气中吸收。冰山的形成与消融，冰山的多少，都会影响南大洋的温度，也会导致热平衡系统的变化，从而影响全球气候。

南极冷源对北半球天气气候的影响也是不可忽视的。南极温度最大的变化中心往往先于其他地区。当南极地区凛冽的冷气团向北推进时，产生的跨越赤道的气流汹涌地向北半球袭来。从卫星云图中可以清楚地看到在低纬度地区有这条跨越赤道的浓密云带。当南半球低纬度地区的东南流云带不断加强并跨越赤道转为西南气流时，它直接影响着北半球赤道辐合带的活动。在夏季往往会导致热带气旋和台风的形成、发展，甚至会影响到北半球中高纬度雨带的推移。

拓展阅读

热交换定律

温度不同的两个或几个系统之间会发生热量的传递，直到系统的温度相等。在热量交换过程中，遵从能的转化和守恒定律。从高温物体向低温物体传递的热量，实际上就是内能的转移，高温物体内能的减少量就等于低温物体内能的增加量。

所以，在全球大气环流模式的数值试验中，必须考虑到这个重要因子。

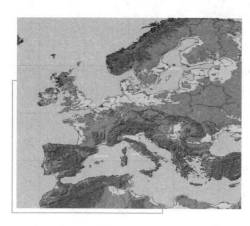 冰盖融化对地球的影响

南极冰盖对整个地球的巨大影响早已经受到了人们的关注。有人估计，南极冰盖全部融化成水，平铺在世界大洋的洋面上，那么，世界地形将会发生很大的改变。

南极冰盖的面积是 1200 万平方千米，相当于地球海洋面积的 1/32。因为冰的体积要比水的体积大，所以大约每融化 34 米厚的冰层，海面就要上升 1 米。以南极冰

南极冰盖融化后的欧洲想象图

盖平均厚度 2000 米计算，全部融化以后，海水就会上升 60 米。如果海水上涨 60 米，对人类来说，无疑是一场灾难：世界上几乎所有沿海港口都将被淹没，沿海地区的人们将面临一场严峻的考验。

另外，还有可能发生另一个变化。地球最外面的部分是地壳，就像鸡蛋外面鸡蛋壳似的。地壳之下是具有一定可塑性的地幔。2000 多万立方千米的冰盖长期压在南极地壳上，势必造成南极地壳下沉。假如冰盖有朝一日消失殆尽，地壳就会慢慢地升上来。有人甚至计算过，如果冰盖真的消失的话，南极地壳可能会上升 600 米。同时，南极大陆四周的大陆架也会相应上升。

当然，科学家这样的猜测并非是凭空想象的。在过去的一二百万年的第四纪地质年代里，就曾多次发生过这种情况。那时候，北美北半部、欧亚大陆的北半部都积压着几千米厚的冰层。冰期过后，巨大的冰体融化成水，大陆又重新升起。有关资料显示，当时北欧最大的冰盖中心在斯堪的纳维亚半岛，冰盖融化后岛屿就开始上升，到现在已经抬升了 200 米。北美的最大冰盖中心也有大面积抬升，这种抬升直到现在还在继续。

📹▶ 海冰对气候的影响

围绕南极大陆的南大洋，是世界上唯一完全环绕陆地而没有被任何大陆分开的大洋。它的面积约为 7500 万平方千米，海水的温度变化为 −1.8℃～10℃，它贮存的热量仅占世界各大洋所含总热量的 10%。这样一个巨大的低温水体，不用说对南半球，甚至对全球气候的影响，一定不小。再加上海冰的影响，那就更是举足轻重了。

冬季，南大洋的结冰面积最多可达 2000 万平方千米，沿南极大陆边缘分布，比南极大陆的面积还要大。夏季，海冰的面积缩小为 100 万～300 万平方千米，但仍是一个巨大的冷源。

根据年平均资料，世界各大洋海冰的总面积约 2300 万平方千米，其中，北半球约 1200 万平方千米，南半球约 1100 万平方千米，这就是说，南大洋的海冰约占世界海冰总面积的 50%。

南大洋海冰的面积，不仅有季节变化，而且有年际变化，这种变化对世界海洋的冰情产生了一定影响，使整个世界海冰的面积 10 月份达最大值，2 月份为最小值。显然，南大洋的海冰改变了南、北半球海冰反相变化的特点，使整个世界海洋海冰的变化趋势与南大洋一致起来。那么，海冰如何影响气候的变化呢？一般说来，有 3 种方式：①海冰的隔绝作用和反射作用；②海冰影响海洋水文气象过程的作用；③海冰冻结与消融的作用。

大面积的海洋结冰时，海冰隔断了海洋与大气的直接接触，影响到海洋与大气的热量交换。同时，海冰表面将太阳的辐射热量反射回去，影响了辐射平衡。有人测定，海冰能将 85% 以上的太阳辐射热反射到宇宙中去。

南大洋的海冰，通过水文气象过程，对全球产生了深远影响。冬季，南大洋的海水结冰时，析出的盐分渗到冰下的海水中，使海水的盐度达最大值。这种盐度大的海水，温度低（−1℃～2℃）、密度大，不断沿大陆架下沉到深海，汇入流向赤道的深层环流。于是，形成了流向世界各大洋的南极底层水，最远可流到北半球。

> **基本小知识**
>
> ### 环 流
>
> 环流是弯道水流的内部呈螺旋状运动，在横断面上的投影呈环形的水流，又称"横向环流""弯道环流"。水流沿弯道做曲线运动时产生离心力，在离心力作用下，凹岸水面升高，凸岸水面降低。同时，由于水面流速大，离心力大，上层的水流指向凹岸；河底的流速小，离心力小，河底的水流则指向凸岸，形成横向环流。

另一方面，由于南极大陆强烈而寒冷的斜面下降风的作用，南大洋表层水的温度降到近于冰点，其密度远大于温带水。于是，向北流的表层水到达温带附近时，便沉入温带水体之下，这就是南大洋的中层水。

从南极大陆周围向北流的这两股水——底层水和中层水，流量很大，约3400万吨/秒。这样，每年可向北输送约1000亿吨又冷又咸的南极水。假如这种海水的厚度为10米，那么它的面积则达1亿平方千米，相当于南极大陆面积的7倍。这样一股巨大冷水的输送，必将对南半球，甚至对全球的海洋与大气的热交换，产生相当大的影响，进而对气候产生几十年到几百年的影响。

海冰影响气候的另一种方式是，通过海冰的形成和消融，推迟季节的变化。南半球的秋季，大量海水结冰时，要释放出热量，使大气温度升高，推迟了寒冷季节的到来；春季，海冰消融时，要从大气中吸收热量，使大气的温度降低，推迟了暖季的到来。

由此可见，南极的大陆冰盖、海冰、海水和大气四者相互作用的结果，决定着南极地区的气候，调节并影响着南半球和全球的气候。因此，南极地区被称为全球气候变化的敏感区和关键区。

研究高空大气物理的极好场所

高空大气物理研究的对象，是从30千米的高空一直到行星际空间所发生的地球物理现象和物理过程。为了研究的方便，按照不同的物理特性，可将大气层分为若干层。

太阳辐射能是控制高空大气物理现象的能源。由于极地区的太阳辐射能和地磁场与其他地区不同，使极地区成为研究高空大气物理的极好场所。而且，南极地区比北极地区条件更优越，因为南极圈内主要是陆地，而北极圈内主要是海洋。

高空大气层中发生的各种物理现象，如极光等，不仅在科学上具有重要研究价值，而且在实践中也有巨大影响。因此，高空大气物理学的研究，备受各国科学家的重视。

拓展阅读

等离子体的应用价值

等离子态是一种普遍存在的状态。宇宙中大部分发光星球的内部温度和压力都很高，这些星球内部的物质差不多都处于等离子态。只有那些昏暗的行星和分散的星际物质里才可以找到固态、液态和气态的物质。等离子体的用途非常广泛，从我们的日常生活到工业、农业、环保、军事、宇航、能源、天体等方面，它都有非常重要的应用价值。

在离地球约 64000 千米以外的上空，也就是 10 倍于地球半径的远方，有一股超音速的带电粒子流，或称为等离子流，它以每秒数百千米的速度飞向地球，不断地冲击着地球外围的环境，这就是太阳风。

太阳风冲击地球外围

太阳风与我们通常所说的风截然不同，它吹的不是大气，而是带电的粒子流。这种粒子流主要由氢离子和电子等组成，其浓度为每立方米数百万个电子。

太阳风对地球的磁性层有重要影响，两者的相互作用，产生了许多奇特的物理现象。

地球像一块大磁铁，它有自己的磁场，称为地磁场。地磁场向宇宙伸展，形成了一个称为磁性层的区域。

磁性层向着太阳的一面，地磁场的磁力线闭合，宛如一个球型大盾牌，保护着地球，使其免受太阳风的轰击；同时，使太阳风的方向改变，绕过地球。

磁性层背着太阳的一面，磁力线被太阳风向外拉开，呈尾状伸展，并入行星际磁场的磁力线。

地磁场与偶极子相似，就像有一个长条型的磁铁位于地球的中心附近。在地磁场的南北极有南北两个歧点。在歧点上，太阳风的等离子体能穿过磁性层，进入极地上空的高层大气。此时，在高空大气中，就会出现许多奇特的自然现象。在非极区，这些现象很难看到，或根本看不到。

太阳辐射能是世上万物赖以生存的能量源泉，是驱动全球天气和气候的动力，也是控制高空大气层中发生的形形色色的地球物理现象的能源。

太阳辐射能主要由电磁辐射和粒子辐射两部分组成。前者直接射向地球，加热大气；后者在射向地球的途中受太阳风和地磁场的共同作用，加热外层大气。

知识小链接

太阳风

太阳风是一种连续存在，来自太阳并以200～800千米/秒的速度运动的等离子体流。这种物质虽然与地球上的空气不同，不是由气体的分子组成，而是由更简单的比原子还小一个层次的基本粒子——质子和电子等组成，但它流动时所产生的效应与空气流动十分相似，所以称它为太阳风。

南极和北极地区是地磁场近于垂直进出地面的区域，从而产生空间带电粒子极易进入的系列重要物理现象，因此，具有很高的科研价值。

《南极条约》 及南极归属问题

人类在对南极洲考察时，有一些国家以"发现"和"占领"为理由，对南极洲提出了领土要求。

1957～1958 年，在举行国际地球物理年的活动时，人们再次对南极洲表示有兴趣。因南极洲对于科学的研究具有重要的意义，尤其是因为多个国家对南极洲进行了考察，各国考察队之间已建立起友好的合作。当国际地球物理年结束时，人们表示各国考察队之间的合作不应随之而告终，更不能应受有关主权或其他方面权利的要求而产生分歧。当时，人们还普遍地希望防止将这个地区用作军事目的，因为那时已有人扬言，南极洲也许是适合进行核试验的场所，甚至还有人建议，可以在南极洲部署导弹。

1958 年 5 月，美国政府邀请了 11 个被认为对南极洲有特殊利益的国家，就有关对该洲的永久性安排问题进行讨论。这些国家是英国、法国、挪威、澳大利亚、新西兰、阿根廷、智利、前苏联、日本、比利时及南非等。1959 年 12 月，这些国家联合签订了《南极条约》。两年后，即 1961 年 6 月 23 日该条约开始生效。

《南极条约》制定了非军事化的原则，冻结了相互冲突的有关领土主权和管辖权的要求，从而减少了这些冲突对科学活动可能带来的威胁。最后，《南极条约》还建立了对该地区进行科学研究和协商、监督的制度，这样更有助于减少冲突和促进合作。

《南极矿物活动管理公约》 的结束

从 1981 年开始，南极条约协商国一直在为制定一项大家都能接受的南极矿产资源管理制度而努力。1988 年 6 月 2 日，在经过了整整 7 年 11 次的艰苦谈判之后，终于有 20 个协商国和 13 个非协商国的代表在会议的最后文件上签字，这也在宣告极其难产的《南极矿物活动管理公约》已经通过。但是，让人们出乎意料的是，正当各国政府在最终批准条约时，却因一个人的阻挠而流产。这个人就是——库斯托。

库斯托是法国科学院院士，环境保护主义者。为了宣传环境的重要性，提高人们的环境意识，库斯托专门成立了一个基金会，主要从事海洋学、仿生学、生物生态学及环境的研究。库斯托认为，他的基金会在南极所采取的最重大的行动，就是由他本人发起并全力以赴进行下去的南极矿约之战。

库斯托认为，由于协商国对南极矿产资源所采取的极不明智的举动，已经对南极环境构成了极大威胁，必须采取果敢行动，以求尽快扭转这种危机局面。于是，库斯托亲自出马，并调动了基金会的全部力量，数日之内就在法国征集到了 100 多万人的签名，同时也在美国征集到了 200 多万人的签名和支持。库斯托以此为依据，赶在 1989 年 10 月在巴黎举行第十五届南极条约协商会议之前，紧急求见法国总统密特朗，力陈利弊，并恳请总统坚决抵制南极矿约的签字。库斯托的意见受到了密特朗总统的重视，他立即召集内阁会议进行紧急磋商，最终，法国政府在南极矿约的最后签字阶段突然改变了立场。

接着，库斯托又连续游说澳大利亚总理霍克和意大利政界及科技界有影响的重要人物，致使这两个国家的政府也改变了立场，站到了法国一边。然后，库斯托又飞往莫斯科，与戈尔巴乔夫总统进行了长谈。之后，库斯托又会见了美国总统乔治·布什，同样强调美国对南极保护负有责任。

你知道吗

库斯托是最受欢迎的法国人

库斯托是个传奇式的人物，他的生命是和蔚蓝色的大海联系在一起的。在半个多世纪的海上生涯中，他先后推动了海洋探险、海洋电影、海洋保护等多项事业的发展，取得了举世公认的成就，成为深受公众爱戴的人物。在法国，库斯托高居"最受欢迎的法国人物榜"的榜首；在欧美，他是一个享有戴高乐将军那样的世界性声誉的法国人。

库斯托能说服如此众多的政治家，这也就证明了环境意识在人类的思想领域中已经上升到了非常重要的地位。

在库斯托的外交攻势下，形势开始出现转机。1989年10月9~20日，在巴黎召开的第十五届南极条约协商会议上，法国和澳大利亚提出了"南极洲及其所依附以及与之相关的生态系的全面保护措施"的联合议案，得到了意大利和比利时等国的坚决支持。这个议案实际上就是否定了《南极矿物活动管理公约》。

1991年4月29日，对南极来说是一个非常有意义的日子。这一天，南极条约系统出面宣布，50年内禁止开采南极矿产资源，库斯托也最终取得了矿约之战的胜利。

◤ 南极条约协商国对环境的保护

为了保护南极的环境，南极条约协商国做了大量的工作，并取得了很大的成绩。从1961年开始，南极条约协商国历次会议的中心议题之一就是对南极自然环境的保护。在第一届协商会议上，首次集中力量制定出了保护南极动植物的具体措施，并提出了有关这一问题的临时准则。而在1964年的第三届协商会议上，则核准了《保护南极动植物区系的议定措施》。这个文件对于保护南极的生态环境具有很重要的意义。在第六届协商会议上，协商国共同制定出了保护南极环境的一般政策，并将保护南极环境的工作作为共同关切的事务加以具体化和制度化。1975年的第八届协商会议上核准了《南极探险和工作站活动的行为准则》，并针对南极旅游日益增多的问题，提出了一些具体的限制措施。在这次会议上，协商国再次强调了各自对保护南极环境所负有的责任。在第九届协商会议上，协商国又制定了一些环境原则，包括保证不从事具有改变南极环境固有趋势的活动等内容。而在第十届协商会议上，集中审议了与保护南极环境有关的3个方面的问题，即石油对南极海洋环境的污染问题，游客和非政府性的探险对南极所产生的影响问题以及由矿产资源体制所引起的生态问题。由此可见，南极条约协商国是在一直注意和强调南极环境的重要性和南极环境的保护问题的。

知识小链接

生态环境

生态环境就是"由生态关系组成的环境"的简称，是指与人类密切相关的，影响人类生活和生产活动的各种自然（包括人工干预下形成的第二自然）力量（物质和能量）或作用的总和。

但是，南极条约协商国也受到一些人士的批评。这些人认为南极条约协商国所制定的许多措施都没有什么约束力，而且，正是南极条约系统的国家在南极所从事的活动给南极洲的环境带来了一定的影响和破坏。虽然这些批评也有一定的道理，不过，也正是因为南极条约系统国家在南极所从事的活动，人们才了解了南极对人类的重要意义。

总而言之，南极由于独一无二的自然环境，对人类具有双重的含义：①这是地球上唯一一片尚属圣洁的大陆，它不仅为人类保存了一块处于原始状态的土地，而且也为人类记录下了地球的演化和气候的变迁等诸多极其重要的信息。②如果南极的自然环境遭到破坏，那么，人类不仅将不可挽回地永远失去这个科学研究的圣地，而且，更加严重的是，由此所引起的后果将是不堪设想的，很可能会使人类遭到灭顶之灾。

正因为如此，所以南极的环境必须保护。但是，应该指出的是，保护的目的只能是为了更好地研究南极和了解南极，更好地利用南极来为人类造福。

海豹的遭遇

对海豹来说，南极大陆以及周围宁静的岛屿是它们的乐园。由于没有人类的涉足，它们在那里横躺竖卧，过着无忧无虑的生活。饿了，它们就潜到海里去捕鱼吃虾；累了，就爬到岸上或冰上晒太阳。当然，虽然它们经常要提防天敌——鲸的进攻，但鲸的食量总是有限的。除此之外，海豹就再也没有什么可以忧虑的了。就这样，它们生儿育女，世代相传，在南极海域自由自在地生活了至少几百万年。

随着时代的发展，人类的需求也不断变化。在电问世之前，人类主要依靠蜡烛等火光来驱除黑暗，因此，必须消耗大量的油脂。

库克的南极之行虽然没有看到任何大陆的踪影，却在南极半岛附近的岛屿上看到了大批肥胖的海豹。这引起了油脂工业界的极大兴趣。从此，海豹的厄运开始了。大批的海豹捕猎者潮水般拥到了南极洲，他们怀着强烈的发财欲望，对毫无反抗能力的海豹进行了疯狂地捕杀，然后炼成油脂源源不断地运回本国。随后，又有更多的船队拥向南极洲。因此，在库克之后的一段时间内，海豹捕猎者成了人类向南极洲进攻的主力军。

由于这种毫无节制地狂捕滥杀，南极大陆周围海豹的数目便急剧下降。据统计，光是在南乔治亚岛上，从1780～1830年和1860～1880年就有120万头南极毛海狮被捕杀。到19世纪末期，南极周围的毛海狮几乎绝迹。

但是南极大陆周围的海豹并没有遭到灭顶之灾，这并不是因为人类出于良心的感知，而是由于人类的需求发生了变化。电的问世解决了人类社会的照明问题。特别是由于石油的发现，更使动物油脂的经济价值大大地下降了。于是，人类在南极大陆周围对海豹的血腥屠杀渐渐停止了。经过相当长时间的恢复之后，它们的数量开始增长起来。据调查表明，南大洋里的毛海狮在20世纪30年代只有100头左右，到1954年增加到1.5万头，

你知道吗

南极毛海狮又叫南极海狗

南极毛海狮又叫南极海狗，主要分布于南极洲水域，其中约95%生活在南乔治亚岛和南桑威奇群岛。库克船长在1775年探索南乔治亚岛后，提到了岛上生存着大量海狗。

人工饲养海豹

而到 1976 年则增加到 35 万头，大约每 4 年其总数就可以翻一番。

1972 年，南极条约协商国起草并通过了《南极海豹保护公约》，并于 1978 年 4 月正式生效。该条约规定，对罗斯海豹和毛海狮要特别严格地加以保护，而对其他海豹则都规定了每一种类每年可以捕获的最高限额。例如，锯齿海豹的捕获量最多不得超过 17.5 万头，豹形海豹为 1.2 万头，威德尔海豹为 5000 头等。

虽然现在不再有人到南极洲去捕杀海豹，但是，作为一种资源来说，这些生物的经济价值当然还是存在的。

▶ 鲸的厄运

◎ 鲸对人类的价值

鲸浑身是宝，具有重要的经济价值。它那巨大的躯体为人们提供了大量的鲸肉、鲸油和其他产品，一头 100 吨左右的蓝鲸的价值达 1 万美元。鲸肉约占鲸体重的 1/2，除了可研成粗粉当饲料或肥田之外，加工之后还可以供人食用，且富含蛋白质，营养价值高。挪威和日本等国的食品商场就供应新鲜鲸肉和鲸肉罐头。日本研究美食的人认为，鲸肉味道胜似牛肉，是世界上的美味食品之一。日本还利用鲸肉做原料，加工成人造纤维。

鲸脂是含脂肪十分丰富的动物油。它不仅含有大量的甘油，可以用于合成炸药中的硝化甘油和纸烟加工，而且还能用来制造肥皂和提炼高级润滑油。

鲸脂中脂肪酸最低的含量不到 2% ，最高为 30% 。鲸脂越轻质量越高。从一头 120 吨重的蓝鲸体内可获得 40 多吨的油脂。鲸脂经过加氢处理，可以得到无腥无味的硬块，还能加工制成可供食用的人造牛油。

鲸脂还有许多其他的用途。它可以制造蜡烛和油画颜料。在炼钢和制革工业上也有用途。因为鲸油在高温下黏度不变，因此被用来当成某些精密仪器的润滑油等。如抹香鲸油可以提炼工业用油和鲸蜡油。鲸蜡油取自抹香鲸的脑袋之中，它的熔点高，既可制造化妆品，又可加工成蜡烛。

自古以来，龙涎香就作为一种高级香料而被人们使用。关于这种高级香料的来源，过去一向鲜为人知，其实它只不过是抹香鲸患消化不良症之后，肠胃里积存的一种废物。龙涎香原是一种带有灰黄色、深灰色或稍呈褐色的貌不惊人的蜡状物，初出体内，奇臭难闻，干燥后呈琥珀色，引火能燃，火焰蓝色，芬芳四溢，味同麝香。这种天然香料大小不等，形状各异，小的几十克，大的有 400 千克。因为它的用途广泛，气味奇特，被人们称为"漂浮的黄金"。它的比重仅 0.9，熔点在 60℃ 上下，能溶解于酒精。龙涎香过去一直被用作制造芳香剂和兴奋剂的高级原料，到后来才渐渐被广泛用来制作雪花膏和口红等大众化妆用品。

此外，鲸皮柔软，表面有绒毛，皮革带花纹，适宜用来做衣服或皮包。鲸鳍可以做伞面、乳罩、领结和烟盒。鲸的卵巢还是一种叫作普罗吉斯廷（孕激素，尤指孕酮）的特效药的原料。鲸粪和骨粉是富含氨与磷的肥料。鲸骨里还可以提取骨胶，作为加工摄影胶卷的原料。鲸肝所含的维生素甲和丁非常丰富。一头抹香鲸的

趣味点击　龙涎香的传说

有人认为当龙在石头上休息时，唾液就会漂浮到水上，然后聚集在一起变干凝固，渔民们把它们收集起来就是这种非常昂贵的龙涎香了。还有人断定，当一群巨龙睡觉的时候，会有乌云聚在它们头顶上空，在巨龙熟睡的几周或几个月里一动不动。乌云散去的时候就表明巨龙已经离开，这时渔民们就可以上前采集龙涎香了。

肝往往重达 400 千克，其甲种维生素的含量与 100 吨优质奶油或 500 万个鸡蛋的含量相当。鲸须和鲸齿可以加工成医疗器材或手工艺品。

◎ 人类对鲸的捕杀

鲸，不仅是现代，而且也是地球上有史以来最大的哺乳动物，也是极为宝贵的生物。鲸虽然是庞然大物，但除少数齿鲸外，其他鲸却连小鱼也不吃，而主要以磷虾为食。除少数巨鲸性情凶猛，有伤人行为之外，多数鲸性情比较温和。

你知道吗

鲸类分为两群

鲸类分为两群：齿鲸：有齿的海洋巨兽，如抹香鲸、逆戟鲸（虎鲸），它们的牙齿不同于鲨鱼的锋利，也没有鲨鱼牙齿更新的频繁，但却坚韧、强劲。须鲸：有长须的鲸，事实上这些长须是长在嘴内的折角形齿片，用于过滤水和捕捉所食用的虾和其他小动物，这些齿片代替了牙齿。

同时，鲸也是南大洋重要的生物资源之一，因此也引起了人们的注意。

人类开始大量捕杀鲸最早开始于 19 世纪末。1892 年，挪威人拉尔生驾驶着"杰松"号捕鲸船向南大洋进发，在那里发现大批鲸并开始了捕鲸作业。此后，挪威的捕鲸业便风风火火地发展起来。到了 20 世纪初，挪威的捕鲸公司多到 60 来家，沿海设置的捕鲸站有二三十个，拥有海上捕鲸加工船近 40 艘，驱逐船 150 艘，从事捕鲸业的工人多达近万人。国内捕鲸业发达的地方还出现了"鲸城"。城内有捕鲸业保险公司、鲸类博物馆和鲸类学会，还出版鲸报和其他有关刊物。

1905 年，第一艘海上加工船进入南大洋，在整个捕鲸季节总共猎获鲸 4000 多头。这一惊人的捕获量刺激了各国捕鲸公司老板的中枢神经。于是，英国、日本、德国、美国、阿根廷和巴拿马等国的捕鲸公司纷纷派遣自己的捕鲸船只，争先恐后地开进了南大洋。由于深海捕鲸适宜用大船，这些国家的捕鲸船的吨位不断增大。到了第二次世界大战前夕，挪威和英国捕鲸船的设备都已经比较先进完备，各拥有加工船 10 多艘。因此，这两个国家成了国际捕鲸业中竞争的对手。尽管英国不论从设备到经验均不及挪威，但因它操纵了当时的国际捕鲸组织的大权，每年摊派到的捕鲸比率总要多于挪威，而成为当时国际捕鲸业中的魁首。

日本早期捕鲸图

南大洋的国际捕鲸业的发展经历了一段曲折的过程。20 世纪初，每年的捕获量总共不到 200 头，但到 1910 年年捕获量已经突破万头大关。进入 20 年代时又趋降，年捕获量为 8000 多头。20 世纪 30 年代是鼎盛时期，在 1930～1931 年的捕鲸季节里，共捕获了 37500 头。第二次世界大战前夕的年捕获量在 45000 头以上，达到 20 世纪上半叶的顶峰。但由于战争的影响，这一地区的捕鲸活动几乎中止。太平洋上硝烟弥漫，大批捕鲸加工船被击沉，国际捕鲸业从此一蹶不振。到了 1942 年捕获量一落千丈，总数还不到 1000 头。

随着战事告终，捕获量开始慢慢回升，到 20 世纪 50 年代，又恢复到每年 3 万多头的水平。据统计，在 20 世纪上半叶，各国捕鲸公司在南大洋上总共捕获了 80 多万头鲸。20 世纪 50 年代，南大洋的捕鲸量约占世界捕鲸量的 70%，它是世界鲸类的主要捕猎场。但到了 60 年代末，由于这一地区鲸类遭到大规模的捕杀，捕获量便逐年降低。1976 年南大洋上的捕鲸量只有 1945 年的 1/2 左右，尽管如此，南大洋的捕鲸量仍占世界总产量的 2/3。

在此期间，捕鲸方法和加工技术也经历了很大的改进和变革。开始阶段仅靠水手驾着小船用长矛和鱼镖与鲸搏斗，既艰苦又危险。因为船很小，所以捕到的鲸必须拖到岸上的基地去加工，因而捕获量受到很大的限制。后来，英国恩德比兄弟公司发明了带有绳索的火炮，将炮弹射入鲸身之后把鲸牢牢地钩住。鲸由于无法脱身，只能拖着船拼命游，直到筋疲力尽。这就大大地提高了捕获效率。与此同时，加工技术也有了相应的发展。进入20年代，巨大的捕鲸加工船投入使用，捕到的鲸再也不必拖到岸上的基地去，而是在船上当即就可以加工处理。特别是冷冻技术的应用，大大提高了鲸和鲸油的储藏周期。

由于技术上的一系列突破，鲸被捕杀的数量便急剧地增加。它们从大到小，均成为捕鲸工业的牺牲品。30年代初期，以捕杀鲸中个头最大的蓝鲸为主。后来，由于蓝鲸的数目急剧下降，到第二次世界大战之前，个头处于第二位的鳍鲸则成了主要的捕获对象。到60年代中期，灭种的厄运又落到了较小的鲸头上。而从1972年开始，人们连最小的鲸，即小鳁鲸也不肯放过了。这种转向捕杀小鳁鲸的趋势，一方面是因为较大的鲸已经濒临绝迹，另一方面也是由于国际市场上对鲸脂含量高的种类的需求量下降了，而对能够提供大量高质肉的鲸的需求量增加的缘故。

一般来说，鲸的全部价值中只有15%～20%是来自它的油脂，主要的需求是鲸肉。鲸肉已被越来越多的国家用来制作食物。鲸油不仅是一种高级的润滑剂，而且也是制革业和化妆品的重要原料。尤其在前苏联，鲸油更是一种无可替代的高压润滑剂，它在军事、航空和宇宙探测中都非常重要。因此，捕鲸业不可能停止。

在过去，南大洋里确曾有过大量的鲸，它们以自己的生命和躯体支持了世界上庞大的捕鲸业的发展，使不少人发了财，当然也为人类社会创造了财富。但是现在，浩瀚的南大洋中，人们所能看到的鲸却寥寥无几。根据粗略估计，蓝鲸的数量还不到原来的5%。

◎ 保护鲸资源

鲸，是一种资源，也是一种生灵，而且是一种具有相当智能的生灵，因此它们应该与人类一样，享有在地球上的生存权。同时，为了人类的长远利益，它们也应该继续生存下去。特别是这些年来，我们不断听到鲸被残忍掠杀的消息，对于稍有良知的人来说，心里都应该有一分内疚。因此，越来越多的人开始以同情的目光注视着鲸的未来，他们忧心忡忡，总是希望那些鲸的捕杀者都能放下屠刀，使那些仅存下来的鲸，能有一条生路，繁衍起来，与人类共同生活在这蔚蓝的星球上。

1972 年，在联合国的人类环境会议上，100 多个国家通过了一项决议案，

座头鲸

吁请全世界暂停捕鲸 10 年。这一决议得到了国际捕鲸委员会内一些国家的坚决支持，但也遭到日本和前苏联的强烈反对。之后，在世界上，除了日本和前苏联这两个国家还继续在南大洋里捕鲸外，其余的国家都遵守了那项议案。

日本和前苏联主要捕捞以前认为太小而不值得捕捞的缟臂鲸。在 1980～1981 年，两国共获取了 12845 吨鲸肉和 1740 吨鲸油。以前，有些西方国家曾经利用鲸肉来制作动物饲料，但 1980 年以后，欧洲经济共同体国家开始禁止进口鲸鱼制品以抗议对鲸的捕杀。前苏联主要捕杀巨臂鲸，把鲸肉向日本出口或者用来养貂。但在 1981 年，国际捕鲸委员会通过决议禁止捕杀巨臂鲸之后，前苏联也开始改捕较小的缟臂鲸了。随着科学技术的飞速发展，捕鲸技术也大大地改进了。日本和前苏联的捕鲸船都使用了直升机、定点飞机和声呐追踪等先进的捕捞技术，对鲸发动了一场立体战争，如同天罗地网一样，能够漏网的鲸可以说越来越少了，幸存者实在寥寥无几。在缟臂鲸的数量急剧减少以后，两国又开始捕杀更小的鲸了。

基本小知识

国际捕鲸委员会

国际捕鲸委员会是 1946 年 12 月 2 日依据《国际捕鲸公约》在华盛顿成立的国际捕鲸管制机构。国际捕鲸委员会的总部设于英国。长与副长的任期为 3 年，委员会年会通常于每年 5～6 月召开。它主要负责监督评估世界各国捕鲸鱼之数量及种类，是否符合公约有关规定。

但是，与日本和前苏联的做法相反，一些国家的科学家开始了对鲸的研究，以找到增加鲸数量的方法。科学家们发现，座头鲸的寿命较长，跟人类寿命差不多，但生育能力比较弱，一般是一胎一仔，双胞胎的时候并不多。但是，科学家们还发现了一个非常有意思的现象，就是随着鲸数量的减少，鲸交尾的年龄比以前提前了，而且受孕率也显著提高。因此，科学家们高兴地说，鲸似乎正在实行某种早婚多育的政策，以增加它们的数量。

◐ 企鹅的悲剧

在一般的人的眼里，企鹅是一种非常乖巧的动物，可爱的生灵，南极洲的居民，人类的朋友。但在一些人的眼里，企鹅却变成了一种生财的资源，因为它肥胖的身体里确实有些油水可以榨取。

1895 年，有人开始在南极洲屠杀企鹅，他们把企鹅活活地扔到开水里去煮，仅仅是为了从每只企鹅的身上提取半升油脂。据统计，每年遭到屠杀的企鹅竟达 15 万只之多！而且，这种野蛮的屠杀一直持续了 25 年之久！直到 1919 年，由于公众舆论强烈谴责，这种野蛮的行径才被迫

曾被人类杀害的企鹅

停止。而那时，已有大约 700 万只企鹅遇难！

值得庆幸的是，自从南极条约协商国于 1964 年制订了《保护南极动植物区系议定措施》之后，再没有人把企鹅看成是一种可以发财的资源了，它已经受到普遍的保护。

▶ 南大洋鱼类

南大洋有相当丰富的浮游生物，但鱼的种类却很少。南大洋大部分地区的水深都在 4000～5000 米，但与其他大洋不同，这里并没有密集的深水鱼群。另外，南极大陆架窄而且深，不大适合鱼类生长。所以，在世界上已经发现的 2 万多种海洋鱼类中，在南大洋里只有 100 多种，其中真正有经济价值的只有 20 种。

1970 年，商业性船队开始在南大洋作业，主要捕捞鳕鱼、冰鱼等。其中，前苏联船队在南乔治亚水域的捕获量是 41.7 万吨。但在以后的几年里捕获量却很少，说明这一地区的鱼类已经被捕捞得差不多了。

广角镜

鳕鱼战争

鳕鱼战争是指英国、冰岛两国之间因争夺鳕鱼资源而发生的一系列战争。这场战争从 1958 年开始直至 1976 年结束，时间跨度近 20 年。1976 年 2 月，欧共体公开宣布欧洲各国的海洋专属区均限定在 200 海里。在众叛亲离的情况下，英国不得不最终承认 200 海里（1 海里 = 1.852 米）的经济专属区。

南大洋与世界上其他大洋不同的是，在这里似乎没有密集的表层鱼群，而绝大部分具有经济价值的种类都为底栖类。南极鲱鱼、鳕鱼和南极齿鱼被认为是商业潜力最大的南极鱼类。应该指出的是，南极鱼类资源虽然也是一种可再生的资源，但由于其繁殖力较弱，生长速度缓慢，如果过度捕捞，很容易遭到灭种的危险。

此外，南大洋的乌贼也是一种具有潜在开发价值的生物资源，但目前还没有进行开发。因为枪乌贼只在夜间浮到水面，而且游动速度很快，捕捞比较困难。已发现南大洋的枪乌贼个头较大，数量可观。最大者体长 5 米，重达 184 千克。估计枪乌贼的可捕量达 1700 万吨。如果能进行捕捞，并适当加工，它也是一种较为重要的动物蛋白来源。

南大洋的鱼类主要分布在南极辐合带以南的某些水域，特别是岛屿附近海域，更为丰富。波兰、阿根廷、巴西和乌拉圭等国家也曾先后进行过捕捞。商业性渔场主要集中在南大西洋、南印度洋和某些岛屿周围海区，如南乔治亚及克尔盖伦海区等，捕获量40万~60万吨。此外，根据鲸、海豹和鸟类每年消耗的鱼类量估算，南大洋中鱼类的年产量约1500万吨。

由于南极鱼类的生长速度慢，个头小，产量低，所以极易使其资源因过度捕捞而遭受破坏，甚至使某些海域资源枯竭。如南乔治亚海区，过去鱼类资源相当丰富，经过几年连续捕捞后，其资源仅剩20%。因此，国际社会已对该海区和克尔盖伦海区采取了保护措施，以解决局部海区鱼类资源急剧下降的问题。

虽然，目前一般认为，南大洋中鱼类的开发价值没有磷虾和鲸等生物资源那么大，但是，随着对南极海洋生物资源调查的不断深入，南极鱼类的生活习性和数量分布会逐步明确，其潜在的价值也将显示出来。

因为南极鳕鱼体内含有抗冻蛋白，所以它们能够在南极那样超低温的环境中生存。当科学家们揭开南极鳕鱼抗冻之谜后，他们一方面在进一步研究其抗冻蛋白的结构特点和物理化学性质，另一方面也在着手探索这一蛋白在实践中的意义。人们正设法模拟抗冻蛋白的分子结构，人工合成一些类似其结构的抗冻蛋白或抗冻剂，从而在人们的日常生活和科研中加以应用。

在人们的日常生活中，经常用低温的办法保存肉类、水果和蔬菜等食品；在临床医疗中，经常用低温办法保存血液和待移植的器官；在科学研究

趣味点击 最臭的美食

鲱鱼罐头是世界上最臭的美食之一，一般在瑞典的短暂的夏天上市（8月左右）。它是瑞典传统美食，是将处理过的鲱鱼放入罐头中任其自然发酵而成的一种散发着恶臭、味道偏酸的罐装食品。发酵鲱鱼的最大特点是其无所不在、难以消散的恶臭。

中，经常用低温保存菌种和其他生物材料。但是，上述办法有时会因组织冻结、细胞脱水，使保存的材料变质，达不到预期的目的。而涂上适量的抗冻蛋白或抗冻剂，既可使材料在低温下保存，又不会使其冻结而变质。这无疑为人类的生活提供了更大的方便。

知识小链接

抗冻剂

　　抗冻剂又称阻冻剂，是一类加入到其他液体（一般为水）中以降低其冰点、提高抗冻能力的物质。它也具有溶解冰晶和阻止冰晶长大的作用。主要用于内燃机冷冻系统，还用于空调系统、太阳能系统、雪溶系统和冷冻干燥等方面。

◆ 南极磷虾的开发

　　虾类是人们最喜爱的食物之一，因为它的味道鲜美，而且营养丰富，属于高蛋白质的食物。南极磷虾更是虾中的佼佼者。

　　南极磷虾是高蛋白质的食物。按湿重计算，南极磷虾的肉中含蛋白质17.56%，脂肪2.11%，灰分2.36%，水分77.26%。科学家们在分析了南极磷虾蛋白质氨基酸组成后，发现南极磷虾含人体所必需的全部氨基酸，尤其是代表营养学特征的赖氨酸的含量更为可观。有人将南极磷虾中含有的人体必需的氨基酸组成，与金枪鱼、虎纹虾及牛肉比较，结果发现南极磷虾的赖氨酸含量最高。世界卫生组织曾将南极磷虾、对虾、牛乳、牛肉的氨基酸综合营养价值放在一起评议打分，结果磷虾得100分，牛肉96分，牛乳91分，对虾71分。磷虾中呈鲜味和甜味的谷氨酸、门科氨酸、甘氨酸、丙氨酸、丝氨酸和苏氨酸的含量也很高，合起来占蛋白质含量的46.73%。人体所必需的8种氨基酸，磷虾中均有，而且合起来占蛋白质含量的41.04%。

赖氨酸

赖氨酸是人体必需氨基酸之一，能促进人体发育、增强免疫功能，并有提高中枢神经组织功能的作用。赖氨酸为碱性必需氨基酸。由于谷物食品中的赖氨酸含量甚低，且在加工过程中易被破坏而流失，故称之为第一限制性氨基酸。

南极磷虾的脂肪酸含量为 2.11%，属中脂类型，比对虾高，主要是不饱和脂肪酸含量相当高（占 70.36%），饱和脂肪酸含量较低，前者是后者的 2.4 倍。在不饱和脂肪酸中含人体必需脂肪酸的亚油酸占 4.02%，比对虾油要高。

南极磷虾中含有各种营养的金属元素。分析结果显示，磷虾的全虾中灰分含量为 3.37%，虾肉中为 2.36%，比对虾高。其中人体所需要的钙、磷、钾、钠都是很丰富的。磷虾的眼球中还含有丰富的胡萝卜素。

因此，我们可以说，南极磷虾具有很高的营养价值，是人类的一种宝贵资源。

在当今的世界，人口总数还在不断地增长，世界各国对蛋白质的需求也越来越多。水产品是蛋白质的一个重要来源，但是由于过度捕捞，传统的鱼类资源正在衰退，传统渔场在消失，渔汛不明显，湖泊等自然水域所能提供的水产品已呈饱和状态。在此情况下，人们自然而然希望另找出路，开辟新的蛋白资源。于是南极磷虾便成为大家追逐的对象。另一方面，许多海岸国家建立了 200 海里专属经济区，禁止外国的渔船进入这一水域。于是，这些渔船不得不寻找新的渔场和新的捕捞对象。因此，南大洋如此丰富的南极磷虾资源成为一块令人眼馋的"肥肉"。同时，科学家们预测，到南大洋去开发利用南极磷虾，解决世界性蛋白资源问题将是未来的必然趋势。而且，智利、韩国、德国、日本等国都已经开始了对南极磷虾的捕捞。同时，还有许多国家也在跃跃欲试，准备投身于这一活动中。

在南大洋，磷虾的蕴藏量为 4 亿~6 亿吨，那么，人类究竟应该捕获多少磷虾才合适呢？有人研究过，在鲸资源未被破坏以前，一头体重 40 吨的须鲸每天要吃磷虾 1 吨，按此计算，须鲸每年要吃掉磷虾 1.9 亿吨。现在须鲸少了，估计每年只有 5000 万吨磷虾被吃掉，于是就有 1.4 亿吨磷虾的过剩量。如果磷虾捕获量为 5000 万吨的话，那么就是现在世界总渔获量的一半，这是一个非常诱人的数字。可以说，磷虾是世界上最大的蛋白库。

捕捞南极磷虾，确实能够满足人类的一些需要，但是，人们也必须看到，如果各国一哄而上，必将造成严重混乱的局面。如果磷虾被过度捕捞，磷虾资源量急剧减少，以磷虾为食的生物也会大量减少，势必引起生态系统的破坏，其后果不堪设想。若磷虾数量急剧减少，很可能由劣质的浮游动物来代替，从而毁灭海洋的生产力，人们所希望的蛋白源就会全部丧失。

因此，1977～1986 年，南极研究科学委员会、海洋研究科学委员会等国际组织发起并组织了 14 个国家参加的南极海洋生物系统和贮量调查，简称为 BIOMASS 计划。在南极海洋考察史上，这是一项最大的国际合作研究计划。实际上，这是以磷虾资源为核心的南大洋生态系统研究。在 10 年中，他们进行了 2 次大规模的联合海洋调查。第一次是在 1980～

你知道吗

蛋白质是谁最先发现的

蛋白质是荷兰科学家格利特·马尔德在 1838 年发现的。他观察到有生命的东西离开了蛋白质就不能生存。生命是物质运动的高级形式，这种运动方式是通过蛋白质来实现的，所以蛋白质有极其重要的生物学意义。人体的生长、发育、运动、遗传、繁殖等一切生命活动都离不开蛋白质。

1981 年的南极夏季，有 13 艘船参加；第二次是在 1983～1984 年和 1984～1985 年的南极夏季，有 17 艘船参加。并且在 10 年国际合作调查中，他们取得了巨大的成果：

（1）过去估计南大洋磷虾资源量为 10 亿～50 亿吨，有人甚至估计上百亿吨，但根据实测结果估计，其蕴藏量为 4 亿～6 亿吨，当然这不是最后结论。实际上，资源量有很大的年际变化，同时由于过去对南大洋初级生产力估计过高，因而磷虾资源量可能没有估计的那样多。

（2）南大洋的食物链不像以前估计的那样简单。在冰区、季节性冰区和无冰区，食物链是不同的。

（3）过去认为磷虾的寿命是 2~3 年，但是实验证明有的可以活 7~8 年。

这些成果对磷虾的合理开发，保护南大洋生态系统是至关重要的。根据这些成果，可以制定合理的磷虾捕捞限额，使磷虾资源不受破坏。

丰富的矿产资源

1892 年，挪威的拉森船长在西摩岛探险时，首次发现了松木化石；1912 年，英国斯科特极地探险队从南极点返回途中，威尔逊在比德莫尔冰川附近发现了煤。但是，由于恶劣气候环境的影响，人类对南极洲的地质研究工作，在 1957~1958 年的国际地球物理年以前很少进行，因而对南极洲的地学轮廓都不十分了解。自国际地球物理年以来的 50 多年间，雪上履带车和装备有雪橇的飞机的应用，给南极大陆地质考察提供了方便条件，因此，地质学家的足迹几乎遍及南极大陆的处处岩石裸露区域，初步掌握了这块冰雪大陆的许多有关地质情况，对这块大陆的由来、地质变迁、矿产资源等都有了较为深刻的认识。

根据各国科学家近四五十年的地质及地球物理调查资料和已初步发现的 100 多种矿产分布规律，可将南极划分为 3 个成矿区。前苏联的科学家将

拓展阅读

有色合金的特色

有色合金的强度和硬度一般比纯金属高，电阻比纯金属大，电阻温度系数小，具有良好的综合机械性能。常用的有色合金有铝合金、铜合金、镁合金、镍合金、锡合金、钽合金、钛合金、锌合金、钼合金、锆合金等。

这 3 个成矿区分别称为冈瓦纳成矿区、环太平洋成矿区和大西洋成矿区。而美国科学家罗利划分的 3 个成矿区为东南极洲铁成矿区、南极横贯山成矿区、安第斯成矿区，且这 3 个成矿区初步查明的矿产资源分布是：东南极洲铁成矿区主要是铁、铜、锰矿；南极横贯山成矿区主要是铜、铅、锌、银等有色金属矿产和储量丰富的煤层；安第斯成矿区（包含南极半岛）主要是铜、铅、锌、金、银等有色金属，尤其是南极半岛的铜、金。有人预测南极的有色金属矿产可能与南美洲的特大型斑岩铜钼矿床相关，不过，还有待于进一步证实。

◆ 南极的铁矿

铁对人类来说有着重大的意义。铁器的发明标志着人类在社会发展上有了一个巨大的进化和飞跃，钢铁是现代工业的骨骼，对于人类社会的发展和生存起着举足轻重的作用。所以，人类十分重视对铁矿的寻找。

在南极大陆，铁矿是所发现的储量最大的矿产，其主要位于东南极洲。1966 年，前苏联地质学家在麦克·罗伯逊地查尔斯王子山脉南部的鲁克尔山北部发现了厚度约 70 米的条带状富磁铁矿岩层，称为条带状磁铁矿层或碧玉岩。矿石平均含铁品位为 32.1%，最富可达 58%，其中三价铁含量高于二价铁。整个岩系厚度达 400 米，时代为晚太古至元古代。1971 ~ 1974 年，他们在调查中确定了该地区磁铁矿和硅酸盐中铁的品

对人类有着重大意义的铁矿石

位可以与澳大利亚西部的哈默斯利盆地、北美洲的苏必尔湖区、加拿大的谢弗维尔地区和前苏联的克里沃·罗格地区的铁构造相比。航空磁场调查资

料表明,铁矿集中区在冰体下长 120 ~ 180 千米,宽 5 ~ 10 千米。

1977 年,美国的霍夫曼和里瓦齐等人,根据航磁异常报道了在鲁克尔山西部的冰盖下的两个磁异常带,其宽度为 5 ~ 10 千米,延伸达 120 ~ 180 千米,他们初步认为这是鲁克尔条带状含铁层的延续。如果他们推断正确的话,那么,该地区将是世界上最大的铁矿。这就是目前一些南极地质学家所声称的"南极铁山",其铁矿蕴藏量,初步估算可供全世界开发利用 200 年。

另外,人类在查尔斯王子山脉往东,在西福尔山的冰川漂砾中,也发现有大量碧玉铁质岩砾石,但与查尔斯王子山脉所见的不同,这些含铁岩可能来自西福尔丘陵以南的宽 2 ~ 4 千米,长约 120 千米的冰下磁异常带。

澳大利亚地质学家在恩德比地的纽曼孤峰群发现了太古代条带状含铁层,并且报道了努凯峰群附近的航磁异常。该条带状含铁层长 750 米,宽 150 米,厚 20 米,平均含铁品位为 34.4%。

除此之外,东南极洲的毛德皇后地中、西部,靠近威德尔海的石榴石和石英磁铁矿脉中以及马里皇后地的诺克斯海岸的班戈丘陵等地都先后报道有富含磁铁矿的岩系存在。

由此可见,东南极洲前寒武纪地区包含的太古代和早至中元古代的条带状含铁岩层分布十分广泛,它们在澳大利亚、印度、南非和南美等冈瓦纳大陆的前寒武纪地质区均有发现。上述大陆的条带状含铁层,经过长期的去硅和去碳酸盐的分选作用,形成了富含铁的赤铁矿。例如在西澳大利亚的皮尔巴拉地区和哈默斯利盆地都有储量 14 亿 ~ 200 亿吨、含铁品

拓展阅读

铁器时代

铁器时代是继青铜时代之后的又一个时代。它以能够冶铁和制造铁器为标志,世界上最早锻造出铁器的是赫梯王国,距今约 3400 年。中国冶铁业出现的时间虽晚于西亚和欧洲等地,然其后发展迅速,在相当长的一段时间内,一直处于世界冶金技术的前列。铁器的使用,亦促进了社会经济的发展,加速了奴隶制社会的瓦解。

位极高的特大矿床。然而，由于南极洲自然条件十分恶劣，南极洲的低品位铁矿资源，在勘探和开发方面有许多不利因素，经营费用势必十分昂贵。所以在世界其他大陆的铁矿资源还未耗竭之前，人们还不会去南极洲去开采铁矿。

知识小链接

前寒武纪

　　寒武纪的开始，标志着地球进入了生物大繁荣的新阶段。而在寒武纪之前（46亿年前—5.7亿年前），地球早已经形成了，只是在几十亿年的漫长过程中一片死寂，那时地球上还没有出现门类众多的生物。这样，科学家们便把寒武纪之前这一段漫长而缺少生命的时间称做前寒武纪。前寒武纪约占全部地史时间的5/6，由于没有足够的生物依据，我们对地球的这段历史知之甚少。

▶ 南极的煤田

　　对人类来说，煤是一种重要的天然能源，它与人类的发展、生存息息相关。在早期的南极探险中，人们经常在露岩区采集标本时发现煤，而且用它做饭、取暖。时至今日，在南极大陆上发现的煤田很多，而且许多煤层直接露出地表。目前发现的煤田主要分布在南极横贯山脉沿罗斯海岸的一段，还有西南极洲的埃尔斯沃思山区也有煤田露出。南极横贯山脉的煤田，可能是世界上最大的煤田。从维多利亚地中部到瑟伦山的南极横贯山脉含煤岩系中，厚约500米的二叠纪沙岩中分布着多层煤层。煤层厚度从几厘米到几米，最厚可达5米，但比较少见。这些煤层呈透镜状，水平延伸一般小于1千米，煤质从低挥发性的烟煤到半无烟煤，含灰量为8%～20%。

　　另外，人们在乔治五世地的霍恩崖、毛德地的海姆弗伦特山脉、埃尔斯沃思山脉和霍利克山脉的相同沉积地层中，也发现了煤层。在查尔斯山脉北

部比弗湖附近的二叠纪沉积地层中，发现厚度为 2.5～3.5 米的煤层，煤质优良。科学考察资料表明，南极大陆二叠纪煤层广泛分布于东南极洲的冰盖下的许多地方，其蕴藏量约 5000 亿吨。

知识小链接

二叠纪

　　二叠纪是古生代的最后一个，也是重要的成煤期。二叠纪开始于距今约 2.95 亿年，延至 2.5 亿年，共经历了 4500 万年。二叠纪的地壳运动比较活跃，陆地面积的进一步扩大，海洋范围的缩小，自然地理环境的变化，促进了生物界的重要演化，预示着生物发展史上一个新时期的到来。

　　鉴于南极洲煤田开采和运输方面的巨大困难，只要世界其他各大陆煤矿资源尚未枯竭或能找到代替能源，南极洲的煤矿只能作为储备资源继续沉默下去，等待被人类开发利用。

➡ 有色金属矿产

　　国防工业、机械制造和日常生活中，有色金属（包括许多贵重金属）发挥着巨大的作用。对有色金属的开采一直受到人们的重视。

　　南极洲地域广阔，与地质构造和地质历史相似的其他大陆比较，可能潜藏有丰富有色金属资源。

　　南极洲的有色金属矿产主要分布在西南极洲的安第斯成矿区，含南极半岛、埃尔斯沃思地、玛丽伯德地。该区北部可能与南美的安第斯山脉相连，南部与新西兰为邻。该区时代为中至新生代，主要矿化物为铜，还有铁、铅、锌、金、银等。这些矿种多与钙碱性侵入岩有关。可进一步划分为铜亚区（主要是整个南极半岛）和铁亚区（主要是半岛西部）。所谓矿化地区，系指有矿产显示和储存，但其品位、储量（尤其是储量）都达不到工业开发标准的地区。

在南极大陆，有色金属主要矿化地区包括：

（1）南设得兰群岛的吉布斯岛。在该岛超基性火山岩体中发现了成层粒状侵染的铬矿化，其时代为晚古生代至中生代（3.5亿年前～1.5亿年前）。

（2）乔治王岛。在该岛上发现了最大的石英交代岩体和大量黄铁矿及次生赤铁矿、钛铁矿，还有大面积火山岩热液蚀变岩石中的黄铜矿、斑铜矿、辉铜矿、磁黄铁矿、白铁矿和磁铁矿。时代为晚侏罗纪至第三纪。该区还有大量斑状侵入体，矿化现象与其附近的热液蚀变有关，含有铜、铅、锌等多金属热液与斑岩型矿床相关。

知识小链接

侏罗纪

侏罗纪是一个地质时代，界于三叠纪和白垩纪之间，1亿9960万年前到1亿4550万年前。侏罗纪是中生代的第二个，开始于三叠纪－侏罗纪灭绝事件。侏罗纪的名称取自于德国、法国、瑞士边界的侏罗山。超级陆块盘古大陆此时真正开始分裂，大陆地壳上的缝生成了大西洋，非洲开始从南美洲裂开，而印度则准备移向亚洲。

1977年，地质学家在南极半岛及其周围岛屿发现了各种小型有色金属矿，其中就有多处斑岩型铜矿，与世界闻名的铜矿之国——智利的安第斯山脉中段典型的铜矿类型相同。中安第斯山的斑岩铜矿中普遍有钼的硫化物辉钼矿伴生，南极半岛也是如此。另外，在东南极前寒武纪地盾的基岩里也发现了一些小型的辉钼矿矿床。

安第斯板块俯冲作用使大量钨碱性火山岩喷出，盖在半岛及西埃尔斯沃思地古生代岩石之上，其中也发现有金属矿化。

在中央安第斯山脉，与斑岩铜矿床共生的金和银十分常见，而在南极半岛上的一些地区也同样发现了金和银的矿化点。例如在斯托宁顿岛上的英国基地附近，在侵入于变质岩基底的安第斯花岗岩中，发现与黄铁矿相伴生的金银矿，金的含量为 1.4 克/吨，银的含量为 10.3 克/吨。另外，在东南极洲维多利亚地和阿德利地海岸带的含硫化物石英岩脉中，都发现金和银的矿化，并与铬、镍、钴共生。

世界上的许多铬、镍、钴矿床都与巨大原基性岩类岩浆侵入体有关，并且通常表现得如沉积岩那样呈水平状。在南非的布什维尔克、蒙大拿州的斯蒂·尔沃特和渥太华的萨德伯里等 3 个大岩体中，也有铂和铜与铬、镍、钴矿床伴生。西南极洲彭萨科拉山脉几乎占 1/3 的北段杜费克岩体是世界上最大的层状岩浆杂岩之一。粗测表明，这个中侏罗纪侵入体至少有 34000 平方千米，厚度约 7 千米。尽管还没有在该杂岩体找到有意义的矿床，但它仍然是重要的勘探对象。据报道，在南维多利亚地沃伦山脉，有另一个与杜费克相似的层状杂岩体，只是还未进行详细的考察。

经过地质学家们多年的考察研究，已初步发现了南极的有色金属与贵金属矿产的分布规律。那就是南极半岛的铜矿及与它共生的有色金属矿特别多，这种伴生现象与南美洲西部世界上有名的安第斯山铜矿带十分相似，这无疑是同一安第斯构造带向南极洲的延伸。而东南极洲沿海地区的铁矿、铀矿和其他许多矿点生存的地质条件，又同澳大利亚、印度和南非已发现的一些同类型大矿床不尽相同。

南极油气资源的开发

南极地区的大部分陆架，在一年的大多数时间里被海冰覆盖着，有些海区总是有浮冰漂动，几乎不能使用勘探船拖曳地球物理仪器工作。寒冷的气候、危险的浮冰和冰山、长期的高强风暴，都会给运输带来种种危险，因此，对任何想要在南极洲大陆架勘探并进而提取石油者来说，都面临着相当大的技术困难和经济投资问题。

　　早在 20 世纪 70 年代，美国就已派船对罗斯海、威德尔海和别林斯高晋海的大陆架进行了地球物理调查，并于 1973 ~ 1974 年，派深海钻探船"格洛玛·挑战者"号前往南极部分陆架区实施深海钻探计划。在 1980 ~ 1981 年的南极夏季，美国南极计划中最主要的项目是对别林斯高晋海

南极石油的勘探

沿岸地质可能的含油气构造进行详细调查。

　　前苏联的调查船也主要活动在罗斯海与威德尔海海区。苏美已于 1983 年完成了环南极的考察航行。

　　在对南极洲大陆架油气资源的调查活动中，日本和德国也不示弱。日本从 20 世纪 80 年代初起，就耗巨额资金建造了设备先进的第三代南极考察船——"白濑"号，并以其在南极大陆的考察站为基地，大力开展资源考察。其调查的项目不仅全面而且详细，包括海底取样、深部探测、地震反射、浮标无线电声的折射、海洋磁测、海洋重力以及在别林斯高晋海域的 3 个点上进行大地热流值测量等工作。1980 年，日本政府还投资 18 亿日元，委托日本国家石油公司对南极洲大陆架油气资源进行为期 3 年的调查。之后，日本政府又继续追加拨款，决定再进行 3 年的调查，以期弄清南极洲大陆架石油天然气的远景量。同时，1981 年 3 月，日本七大造船公司和机械公司在东京开始了一个为期 5 年的庞大研究计划——研究冰区运油船和钻探设备。日本旨在考察的油气资源区域包括东南极洲的油气远景区，就是说东南极的普里兹湾海盆—罗斯海盆—别林斯高晋海盆—威德尔海盆都有它的调查航线。20 世纪 80 年代初，联邦德国建造了一艘万吨级的破冰、科学考察和物资运输三位一体的南极考察船——"北极星"号，仪器装备十分先进，破冰能力非常强，特别是装备有先进的地球物理和海洋生物考察设备，旨在对南极洲大陆

装备先进的破冰船

架油气资源和海洋生物资源进行大规模的调查。前些年，其已同美国人在罗斯海盆合作进行了大量的地球物理调查工作。

澳大利亚对东南极洲普里兹湾海盆的油气资源调查十分重视，从20世纪80年代起，就组织了对普里兹湾海盆的海洋地质、地磁、地震和水深测量等多学科调查，旨在查明该海盆的地质构造和沉积层厚度，并由澳大利亚矿产资源局的科学家专门负责此项研究工作。此外，挪威、英国、巴西等国主要是在南极半岛外的斯科舍海盆开展了油气资源的前期调查工作。

虽然许多国家在南极地区沿海进行着多种调查工作，但多数还处在普查和详查阶段。如果要进行钻探，还有许多复杂的技术问题需要解决。

1979年，一些国家在意大利召开了一次科学讨论会。在会上，大家就在南极洲海域勘探和开发石油的可能性交换意见，当时的结论性意见是："很清楚，现在的技术已经可以在南极洲沿海的许多地区进行石油勘探钻孔了。随着科学技术的迅速发展，5年之内将可以在更多的地区进行钻探。"这个结论主要是根据一些国家在北极地区所取得的进展得出来的。例如，加拿大已经成功地在其北极地区冰厚200米、水深1500米的地方完成了钻孔。多米石油公司已经取得了一年四季在北极地区钻孔的经验。由破冰船作后盾，它使用专门的钻探船完成了5个钻孔，每孔费用5000万加元。其中M13孔已经打到了商业油流，每天可生产12000桶原油。在未来的几年内，多米公司准备投入2亿加元在加拿大的北极地区继续进行钻探。

同样，在芬兰岛漂着冰山的海域里，迄今为止，这个公司已经钻了70多个勘探钻孔。其中，P15号钻井打到了一个总储量约15亿桶的高质量油田。

这是自 20 世纪 60 年代在阿拉斯加的普鲁德霍湾发现油田以来，在北美洲地区由单口钻孔所发现的最大的油田。

1979 年，美国的得克萨卡石油公司，在离芬兰海岸 290 千米、水深为 1800 米的地方钻了一口 6000 米的深井，一共用了 4 个月，耗资 3500 万美元，但没有打出油来。美国人采用了这样一种新技术，即当冰山漂来时，钻井平台可以暂时移开，等冰山漂走后再继续工作。但是，与北极地区大不相同的是，南极洲的情况要困难得多。因为南极大陆沿海不仅水深冰厚，

你知道吗

最早钻油的是中国人

最早的油井是 4 世纪或者更早出现的，当时的中国人使用固定在竹竿一端的钻头钻井，其深度可达约 1000 米。他们焚烧石油来蒸发盐卤制食盐。10 世纪时他们使用竹竿做的管道来连接油井和盐井。最早提出"石油"一词的是公元 977 年中国北宋编著的《太平广记》。

而且开封时间很短，每年只有 2～3 个月，巨大的冰块在风力的驱动下每天可移动 60～70 千米，这对任何类型的钻井平台都是一种严重威胁。因此，在现在的技术条件下，要在南极洲大陆架上进行钻探仍然是非常艰难而危险的。另外，如果在南极洲沿海进行钻探和开发，不可避免地将会引起周围的环境污染，这可能给人类带来灾难性的后果，这也是人们十分关心的一个话题。

根据近几十年在南极大陆周围海域的海洋地质和地球物理调查的资料，人们认为在南极大陆周围海域可能潜在油气资源的沉积盆地有 7 个。它们是威德尔海盆、罗斯海盆、普里兹湾海盆、别林斯高晋海盆、阿蒙森海盆、维多利亚地海盆、威尔克斯地海盆。

◎ 罗斯海盆

罗斯海盆和威德尔海盆是上述沉积海盆中最有含油气希望的。罗斯海的大陆架面积约 77.2 万平方千米，相当于英国和法国面积之和。沉积海盆的厚度有三四千米，沉积物生成于白垩纪和第三纪。

罗斯海盆是人们在南极地区所做的工作最多的地方之一。继"格洛玛·挑战者"号在罗斯海域发现石油踪迹之后，各国纷纷对罗斯海开展了地质和地球物理调查工作。1980 年，联邦德国地球科学与自然资源研究所，根据 1974～1975 年美国"埃尔塔宁"号调查船绘制的简单调查海图对罗斯海进行了 48 条路线的调查，其调查结果支持了该海域沉积岩厚度至少有三四千米的估计。1981～1983 年，法国石油研究所和日本国家石油公司分别对罗斯海进行了地质和地球物理测量。1986～1987 年，前苏联地质学家首次进入罗斯海，他们用公共深点法完成了 4300 千米的地震剖面，取得的主要成果是对美国、新西兰和联邦德国考察队早期资料的重要补充：罗斯海盆沉积岩厚度，在西部有三四千米，中部和东部达五六千米。

罗斯海盆曾经与澳大利亚的吉普斯兰德海盆相连，后者在 1974 年被证实储存有 2.5 亿桶石油和 220 亿立方米的天然气。另外，罗斯海曾与新西兰及其南面的坎贝海台在地质历史上有过联系，在新西兰沿岸的主要发现是毛伊油气田，该油田正在开发。

1973 年，美国执行深海钻探计划（DSDP）的钻探船"格洛玛·挑战者"号，在罗斯冰架外的大陆架区 4 个站位上进行钻探。据科学家推算，那里的沉积物厚度达 3000～4000 米，而美国钻这 4 个孔的目的旨在研究那里沉积物的沉积史。因此，所选的钻探站位故意避开过去从海洋地球物理研究角度认为沉积地层可能有含油构造的区域。然而，这 4 个钻孔中有 3 个仅钻到 45 米深时就喷出了大量的天然气。为了使烃类不再外溢，保护南极自然环境免受污染，他们不得不马上用水泥将井口封住。尽管美国对这一个消息进行了封锁，但还是被外界所知晓。人们因此猜测，罗斯海盆地可能储有重要的烃类化合物资源。特别是上述 4 个钻孔都避开了很有可能蕴藏着烃类化合物的沉积层已知凹陷构造区，这不能不使人们对南极大陆周围海域的石油资源更加关注。

◎ 威德尔海盆

威德尔海盆，从地质学上看，与罗斯海盆相似，也是寻找油气资源最有希望的海区之一。威德尔海陆架上的沉积物厚度达 3000 ~ 4000 米。自 1976 年，前苏联地质学家就开始对威德尔海盆进行了 100 万平方千米的航空地球物理测量，800 千米的深部地震测深，用反射法和折射法进行了海上和冰上的地震调查，获得了长度和信息量举世无双的深地震剖面，结果发现冰架下面的沉积岩厚度有 12 ~ 15 千米。1976 ~ 1977 年，挪威对威德尔海进行了地震调查，获得 16 条路线资料；1977 ~ 1978 年，联邦德国地球科学与自然资源研究所对威德尔海的调查，获得了 48 条路线资料；1981 ~ 1982 年，日本国家石油公司技术研究中心的专家利用地质测量船"白岭丸"，在威德尔海获得了 24 条路线的资料。英国也对威德尔海进行过航空磁测，得出的结论与前苏联的结论基本一致，即其沉积岩厚度为 14 ~ 15 千米。

威德尔海的面积巨大，约 90.1 万平方千米，其年代也比较老。大西洋边缘的地层年龄记录为早于晚侏罗纪或白垩纪，世界上大多数石油产于该年代的岩层中。

虽然还没有一个国家在威德尔海盆进行钻探，但是很清楚，这一海区含有潜在烃类化合物资源。

◎ 普里兹湾海盆

世界上最大的冰川——兰伯特冰川，沿着一条南北长 700 千米，宽度为 20 ~ 100 千米的巨大地堑顺势而下，这个地堑，在其北端的入海处形成艾默里冰架。人们认为，在这一复杂的断裂系统中，由于谷底的沉降形成了一个巨大的凹陷构造，这一断裂系统始于前寒武纪。然而，大规模的断裂或许始于晚中生代。在艾默里陆缘冰末端的陆架区上有一沉积物厚度达 5 千米甚至达 10 ~ 12 千米的海盆，称为普里兹湾海盆。该海盆在构造上与兰伯特地堑的关系没有确定，但是两者或许有一定关联，它们之中均部分地填充着或许是晚中生代到新生代时期的沉积物。

目前，对普里兹湾海盆中的这些相当新的，而且未受到扰动的沉积物的厚度问题，学界仅能给予很一般的说明。

知识小链接

新生代

新生代（距今6500万年前）是地球历史上最新的一个地质时代。随着恐龙的灭绝，中生代结束，新生代开始。新生代被分为三个纪：古近纪和新近纪和第四纪。这一时期形成的地层称新生界。新生代以哺乳动物和被子植物的高度繁盛为特征，由于生物界逐渐呈现了现代的面貌，故名新生代，即现代生物的时代。

前苏联地质学家在1971~1974年航空地球物理测量和深部地震测深的大量资料基础上，获得了关于普里兹湾海盆的首批信息。1981~1982年，澳大利亚以及1985年日本的调查工作提供了有关友谊海大陆坡区的地震信息。在1985~1986年，前苏联地球物理学家在普里兹湾中部用公共深点法进行了934千米的地震剖面测量，证实该海盆并不是单一海盆，而在中部存在一巨大的南北走向的隆起，把其分隔成东南和西北两个独立沉积海盆，其沉积岩厚度为7~10千米。另外，沉积于兰伯特地堑以及艾默里冰架东缘下的沉积物厚度，在兰伯特地堑的北部可达10千米，而在艾默里冰架东缘之下为5千米。

在世界其他地区，沉积于如此大的凹陷构造中的厚沉积物，都是勘探烃类化合物的主要目标。基于这种考虑，兰伯特地堑以及位于陆架上的普里兹湾海盆也必然被认为是主要的烃类化合物勘探区。

◎ 别林斯高晋海盆和阿蒙森海盆

别林斯高晋海面积为25.6万平方千米，阿蒙森海面积为21万平方千米，加在一起与法国的面积差不多。1980~1981年，日本国家石油公司的技术研究中心，使用"白岭丸"地质测量船，在别林斯高晋海进行了12条地震剖面调查。此前，美国地质学家曾用"冰川"号考察船，对别林斯高晋海和阿蒙森海进行过地质测量。调查发现，其中的一个地区的沉积岩厚度为3~3.5千米。别林斯高晋海和阿蒙森海的大陆架比较狭窄，船只很难航行到此。尽管这两个海的陆架区可能有大量的侏罗纪和新生代沉积物，这是烃类化合物的可能来源，但是，实际上人们对这些区域的陆架沉积的详细情况迄今知之甚少。只有通过对这些区域进行大量的海洋地球物理调查和航空磁测，方能作出恰当的估计。

　　但是，南极大陆架与含有油气的南美洲太平洋部分海岸十分相似，所以地质学家和勘探者对它们的兴趣十分浓厚。

◎ 南极大陆

　　南极大陆，特别是西南极大陆的部分白垩纪和第三纪地层中可能有石油，但因钻探技术实际上还不可能穿透几千米厚的冰体，因而，很难对此进行深入地研究。

知识小链接

白垩纪

　　白垩纪位于侏罗纪和古近纪之间，约为 1 亿 4550 万年前至 6550 万年前，是中生代的最后一个纪，是显生宙的较长一个阶段。发生在白垩纪末的灭绝事件，是中生代与新生代的分界。白垩纪的气候相当暖和，海平面的变化大。这一时期陆地生存着恐龙，海洋生存着海生爬行动物、菊石以及厚壳蛤，新的哺乳类、鸟类开始出现，开花植物也首次出现。

　　南极大陆架有油气资源是毫无疑义的，但其蕴藏量却很难得出。其原因有：①目前世界各国对南极大陆架所做的调查工作较少，且调查的详细程度也不够；②调查国家对矿产资源的资料都封锁得甚严，不向外公布。因此，有关南极洲石油和天然气储量的数字，来自于不同的资料或报告都不尽相同。美国地质勘探结果认为，"从西南极洲大陆架可以开采 450 亿桶石油和 33000 亿立方米天然气，该石油数字几乎与全美国已证实的石油储量相当。" 1974 年，前苏联人估计南极洲大陆架石油资源超过阿拉斯加。1979 年，海湾石油公司的一名代表估计，仅罗斯海和威德尔海两个海的石油储量就可能有 500

亿桶，甚至更多。直到 1983 年，美国国务院未经出版的报告仍然认为南极洲大陆架所蕴藏的石油可能达到几百亿桶的数量级。

另外，随着新西兰、澳大利亚、南非和南美洲最南端的各大陆架上都正在进行着的石油和天然气的勘探和开发，人们相信，根据大陆漂移学说，南极洲大陆架和冰架下面都有可能蕴藏着丰富的石油和天然气。

南大洋的海底矿产

一般来说，海底矿产资源指的是大洋海底表层的沉积物中的多金属结核矿产，又称锰结核矿产。大洋锰结核这一巨大的潜在矿产，广泛分布于世界的洋底。由于其形态和成分上的特征各异，人们通常又把它称为锰结核、锰团块、锰矿球或锰瘤等。它大多产于海底表层，即水深为 3000～5000 米的深海平原、海沟、海谷、海底火山和群岛附近。

基本小知识

海底火山

海底火山的分布相当广泛，海底火山喷发的溶岩表层在海底就被海水急速冷却，但内部仍是高热状态。绝大部分海底火山位于构造板块运动的附近区域，被称为中洋脊。尽管多数海底火山位于深海，但是也有一些位于浅水区域，在喷发时会向空中喷出物质。在海底火山附近的热气喷发口，具有丰富的生物活性。

锰结核矿的最大特点是蕴藏量巨大，所含的稀贵金属铜、钴、镍又多。比如在太平洋海域，据梅洛和梅纳德估计，其蕴藏量达 16000 多亿吨，约含锰 2000 多亿吨，铜 50 多亿吨，镍 90 多亿吨，钴 30 亿吨，相当于陆地矿山中储有铜的 50 倍，锰的 200 倍，镍的 600 倍，钴的 3000 倍。考虑到大洋锰结核矿如此大的储量，而且还在继续增长，可以毫不夸张地说，深海大洋锰结核矿是人类"用之不竭的资源"。

1873 年 2 月，英国"挑战者"号考察船在加那利群岛西南约 300 千米处首次采得海底锰结核。这个发现引起了人们的极大兴趣。最初人们认为这类沉积物是化石，但后经化学分析才确知它主要是由锰组成的。默里和雷纳德根据"挑战者"号的发现，第一次发表了有关锰结核的产状、形态和成分等方面

锰结核

的报道。继"挑战者"号之后，"信天翁"号考察船分别于 1899～1900 年和 1904～1905 年，对太平洋锰结核进行了调查和取样，发现的锰结核所处水域较深，为 4000～5000 米。1948 年美国的斯克里普斯海洋研究所进行海底山脉地质考察时，在水深小于 1000 米的海底也发现了大量的结核和铁锰氧化壳，从而扩大了人们探查锰结核富集区的海域。后来各国派出大量考察船，进行大洋锰结核矿的基础调查研究，包括海洋沉积学、物理海洋学、地球化学以及矿产的生存机制、分布富集规律等方面的研究。

大洋锰结核的形成机制很复杂，它的物质来源是以火山爆发而沉积于海底的岩石碎片和玻璃质物质以及海洋生物的骨骼残核为核体，经过长年累月的地球化学和沉积作用，在核体的表面赋存一层含锰、铁、铜、钴、镍等矿物成分的硬壳包裹体，其形态为粒度大小不等的球状物，人们把这些球状物称为锰结核。

南大洋的锰结核矿是 20 世纪 70 年代初由美国调查船在南纬 60°左右的南大洋辐合带之下发现的，此处有一约 500 千米宽的连续锰结核带状区。在此带状区的南北也发现了锰结核含量较少的地区。南大洋锰结核矿的物质来源除了上述的原因外，还主要取决于南极洲庞大的冰川搬运活动。它将成矿物质从南极大陆搬运入海后，加之环南极洲的底层流将锰、铁和其他金属矿物

运移到南极辐合带海底附近，沉积于有成核作用的物质上，以每 1000 年 60 毫米的速度迅速生长，从而形成越来越大的海底锰结核球体。根据在南大洋采集的 168 个锰结核样品的分析结果可知，太平洋和南大洋的锰核矿成分含量稍有不同。一般规律是，锰结核矿中铜、钴、镍、锰等金属含量有随着离赤道距离的增加而减少的趋势，因此，可以说，南大洋中锰结核矿中金属含量普遍低于太平洋中锰结核的金属含量值。

知识小链接

镍

镍近似银白色，是硬而有延展性并具有铁磁性的金属元素。它能够高度磨光和抗腐蚀，溶于硝酸后呈绿色，主要用于合金（如镍钢和镍银）及用作催化剂（如拉内镍，尤指用作氢化的催化剂）。

还有值得一提的是，在海洋法会议中，大洋锰结核矿问题一直是争论的焦点之一，国际海洋法中还为此专门成立了海底资源管理委员会，来具体讨论和管理海底资源。20 世纪 60 年代前后，一些海洋国家开始成立国家公、私企业集团，探索独自开发大洋锰结核的途径。70 年代又出现了国际资本集团联合开发的趋势。但是，由于南大洋的特殊地理结构和自然环境，商业性的开发利用南大洋的锰结核还需要一定时间的等待。

淡水资源

对人以及一切生物来说，水就是生命之源，一刻也不能离开它。

在南极，巨大而厚实的冰盖就是一个巨大的淡水资源库，它储存了全世界可用淡水的 72%。有人估算，这一淡水量可供全人类用 7500 年。而且其冰盖是在 1000 万年前形成的，没有受到任何污染，水质非常好。并且，将南极冰溶解在杯内时，冰晶体中的气泡溢出会发出清脆的响声，美妙悦耳。

漂浮的冰山

　　除了南极大陆的冰盖以外，南极大陆四周的海冰数量也相当可观。同时，南极冰盖由于受重力作用和大陆地形坡度的影响，不断从大陆内部向沿海流动，最后崩裂，坠入大海成为漂浮的冰山。据估算，每年从南极大陆崩裂入海的冰山和冰块量达 14000 多亿吨，体积约 1200 立方千米。即使把这些冰山的 10% 拖运到干旱地区，也足以浇灌 1000 万公顷的农田，或者供 5 亿人口的用水。因此，这不仅对那些干旱缺水的国家有很大的吸引力，甚至连美国这样淡水资源相当丰富的国家也对开发南极淡水资源很感兴趣。漂浮在南大洋上的冰山总量约 22 万座，总体积约 18000 立方千米。有记录的世界最大的冰山，其面积有 3 万多平方千米，长 333 千米，宽 96 千米，比整个比利时还大。所以，南极的海冰和冰山也是相当可观的淡水资源。

知识小链接

淡　水

　　淡水即含盐量小于 0.5 克/升的水。地球上的水很多，总量为 14 亿立方千米，但淡水储量仅占全球总水量的 2.53%，而且其中的 68.7% 又属于固体冰川，分布在难以利用的高山和南、北两极地区。还有一部分淡水埋藏于地下很深的地方，很难进行开采，因此人类实际能够利用的淡水只占地球上总水量的 0.26% 左右。

　　世界上一些淡水不足的国家，特别是非洲一些干旱的国家以及澳大利亚、智利、巴西等南半球国家，都在研究开发利用南极冰山的可能性与技术方法问题。1973 年，威克斯和坎贝尔两人探讨了运输冰山到世界缺水地区的设想。

1977 年，第一届国际冰山利用会议在美国衣阿华州立大学召开，从而使将冰山拖往世界干旱地区利用的研究工作受到人们的重视。1977 年，国际冰山运输公司成立，它是由沙特阿拉伯提供资金，法国提供技术知识而联合创立了世界上第一个开发利用冰山的商业性企业。与此同时，一个国际性非营利研究基金会——冰山未来利用基金会也宣告成立，这个基金会主要赞助科学家对有关冰山的形成、挑选、运输和全部利用等问题进行研究。

拓展阅读

冰山生物链

冰山在漂移融化过程中，释放铁一类的矿物质，使藻类大量繁殖；这些生物体富含叶绿素，它们吸收二氧化碳，产生氧气；磷虾成群活动，以浮游植物为食；海燕和南极贼鸥涌向冰山，从那里捕食磷虾；冰山周围的水母以浮游生物、磷虾和小鱼为食；冰鱼也以磷虾为食。

威克斯和坎贝尔在提出搬运冰山设想的同时，也提出了要把南极冰山作为淡水资源开发利用所要解决的最关键的技术问题是：冰山的拖运问题。把长达 10 多千米、宽两三千米的冰山从南极洲沿海经过强风暴区和浩瀚的大洋拖至非洲或南美洲，要不使冰山随波逐浪或随风漂移，还要使它在拖运过程中不发生崩裂和尽量减少融化，这就需要很大功率的拖船才能实现。有的科学家甚至设想，把动力设备和导航仪器直接装在冰山上，把冰山驾驶到目的地。但冰山的水下部分很大（一般冰山水上、下部分之比为 1:4），一座水面高 60~70 米的冰山，其水下部分常达 200 米以上，这种冰山是无法拖运到缺水国家的近海岸的，因为那儿的大陆架深度一般小于 200 米。即使能把冰山运到近海岸，如何从冰山上取淡水也是个问题，不然在气温高的非洲和南美国家海岸，冰山会很快融化掉的。

据专家们研究，在千姿百态的南极冰山中，平台状冰山是最适于用拖的方式来运输的。而平台冰山集中的主要地区是艾默里冰架、罗斯冰架和菲尔希纳冰架。威克斯和坎贝尔两人认为，罗斯冰架和菲尔希纳冰架是运往非洲西南岸纳米布沙漠的最佳冰山来源地。艾默里冰架是运往澳大利亚的最佳冰山来源地。

虽然，开发南极的淡水资源比开发南极的矿产资源前途乐观，但是，实施拖运冰山计划所付出的投资和代价，又使人们望而生畏。有人对沙特阿拉伯的一个拖运冰山计

南极冰山就是丰富的淡水资源

划进行了预算，其费用需 100 亿 ~ 500 亿美元，这样大的一项投资，不下大的决心，是难以实现的。

🖋 知识小链接

澳大利亚

　　澳大利亚是全球土地面积第六大的国家，国土比整个西欧大一半。澳大利亚不仅国土辽阔，而且物产丰富，是南半球经济最发达的国家，是全球第四大农产品出口国，也是多种矿产出口量全球第一的国家。澳大利亚拥有很多自己特有的动植物和自然景观。

由于技术问题和巨额投资的困难，到目前为止，开发南极的淡水资源还只停留在纸上谈"冰"的阶段，还没有一个国家率先迈出第一步，做一示范，拖一座冰山，哪怕是一座很小的冰山，到其本国的陆地上去应用。

但是，随着现代科学技术的飞跃发展，随着世界淡水资源的需求量与日俱增，且许多地方水污染程度加快，完全可以相信人类开发利用南极冰山淡水资源的日子不会太远了。